JN096087

初歩からの物理

岸根順一郎・松井哲男

（新訂）初歩からの物理（'22）

©2022　岸根順一郎・松井哲男

装丁・ブックデザイン：畑中　猛

s-62

まえがき

　本書は放送大学のテレビ科目である「初歩からの物理」のために書かれたものです．この科目は放送大学の物理系科目の中では最も入門的な位置づけのもので，テレビで放映される放送教材も合わせて活用していただくことで，これまで物理学を本格的に学んだことのない方にも無理なく入門していただけるように工夫してあります（もちろん本書単体でも読み切ることができます）．物理学は数少ない基本法則に基づいて自然界の多様性を読み解く学問です．実験を通して現象の背後に潜む法則性を読み出し，得られた法則に基づいてできるだけ多くの現象を予言します．これが物理学です．物理学の真の強みは，広大な宇宙から極微の素粒子，その中間に位置する私たちの身の回りの現象まで，実にさまざまなスケールの現象が対象となり得ることです．多様な現象にアプローチする普遍的な方法論を確立するのです．具体的に，力と運動，エネルギー，エントロピー，場，相対性，量子といった基礎概念を法則化し，これらを組み合わせることで現象を理解します．物理の基本法則とは，これらのキーコンセプトを数学の言葉で具体化したものだといえます．本書では，このような物理学の特徴をつかむことで，その全体像が展望できるように工夫しました．

　第1章では，そもそも自然現象を物理的に読み解くとはどのようなことかを述べます．第2章では，本書を読むうえで必要となる数学の知識をまとめました．ガリレイ以降の近代自然科学の特徴は，「実験して観測し，結果を数値化して現象の因果関係を探る」という実験や観測に基づく数理的アプローチにあります．これを具体化するためになくてはならないのが数学です．必要な数学を先につかんでしまうことで，それ以

降の章が読みやすくなると思います．第3章では物理学の基盤ともいえる「力と運動」の見方を述べます．これはニュートンによって基礎が作られた力学体系の話です．第4章では，運動を捉えるもうひとつの重要な視点であるエネルギーの概念を説明します．第5章では，ニュートンの力学が惑星運動の解明に果たした役割を紹介し，力学的世界観の広がりを述べます．物体に力が働いて加速度が生じるというのが力学の基本ですが，膨大な数の原子・分子からなるマクロな物質の変化をこの視点で論じきることはできません．ここで新たな視点，つまり熱的自然観が導入されます．第6章がその入門となります．熱的自然観を支えるひとつの柱はエネルギーです．もう一つ，マクロな現象の変化の向きを司るのがエントロピーと呼ばれる量です．第7章では，エネルギーとエントロピーの概念が支え合って物質世界の多様性が記述される様子を紹介します．第8章では，電気と磁気の世界に視点を移します．人類は古代より電気・磁気と向き合ってきました．これが近代科学として大きく展開するのが19世紀です．そこで何があったのか，それが第8章の主題となります．特に場の概念の重要さを強調します．第9章では，私たち人類の生活を根底から変革した電気文明のきっかけを探ります．ファラデーの電磁誘導の発見を通して，今日電気工学と呼ばれる巨大分野の来歴をたどります．第10章では，これまた人類にとって太古からの謎であった光の本性に迫ります．光の性質の探求は，現代物理学の2つの柱である量子論と相対論へと直結していきます．第11章ではミクロな原子・分子の世界，つまり量子論の領域へと踏み込んでいきます．量子論というと縁遠く聞こえるかもしれませんが，実はニンジンの色の起源は電子の量子論的性質なのです．この身近な例を通して量子論に親しんでいただこうと思います．そして第12章では，第11章で導入した量子の世界について，歴史的経緯を踏まえてより広範な立場から紹介します．続く第

13 章では，いわゆる相対性理論を主題とします．この理論は，私たちの時間と空間の認識に変革をもたらしたものです．そして第 14 章では，量子論と相対論の産物ともいえる原子核エネルギーについて述べます．私たち人類が核エネルギーを解放する手段を手にした経緯を踏まえ，核エネルギー開発の行方を展望します．最終章である第 15 章では，物理学の見方・考え方を改めてまとめます．そのうえで，物理学の成果が現代社会にどう生かされているのか，今後どう進んでいくと考えられるかを述べます．

　物理学に限らず，新しい学問分野に最初の一歩を踏み出そうとする方にとって，分野全体が突破口の見えない巨大な要塞のように見えてしまうのはある程度仕方のないことです．では，プロの学者が初めから苦も無くその要塞を突破できた人たちかというと，全くそんなことはありません（そう断言できます）．しかし物理学の場合，自然を物理の言葉で「読める」喜びがその苦難を帳消しにしてくれます．「読める」とは，自分の手で計算したり実験したりして，物理法則が確かに正しく働いていることを実感することです．その喜びを何度か味わうと，物理学はもはや後戻りできないほどの魅力で皆さんを惹きつけることになるでしょう．本書が皆さんにとって，この魅力を発見するガイドとなれば幸いです．

2021 年 10 月
岸根順一郎
松井哲男

6

目 次

1 | 物理の見方・考え方

岸根順一郎

《**目標＆ポイント**》　自然現象を物理的に読み解く方法はどのようなものでしょうか．近代科学の基本は実験と観測ですが，量を数値で表す際の注意点は何でしょうか．自然界には宇宙のどこでも同じ値をもつと考えられる普遍定数が存在します．どのような普遍定数があるのでしょうか．
《**キーワード**》　科学革命，自然界の階層性，単位と次元，普遍定数

1.1　自然界のひろがり

科学革命

　ミクロな原子世界から宇宙の果てに至る広大な自然界で，私たち人間が直接見たり触れたりすることができる領域はごく限られています．たとえ身近な現象でも，例えば重力の働きを直接目で見ることはできません．人間の知覚で捉えきれない現象にどうアプローチしたらよいのか，この探究心が物理学の発展を駆り立ててきました．

　この探求に共通の解決方法を与えてくれたのが，ガリレオ，ニュートンら（図 1.1）によって 17 世紀に成し遂げられ，今日，**科学革命**と呼ばれる一連の知的変動です．科学革命[1] の最大の成果は，「実験して観測し，得られた測定結果を法則化する」という手続きの確立です．測定結果は数値化され，現象の原因と結果の関係が数値の関係として数学的に記述されます．実験・観測・数理というアプローチが確立したことで中世のアリストテレス的・スコラ的自然観は排除され，神の意思や魔力から解放された合理的自然観へのパラダイム転換が達成されました．現代の物理学

---

1)　科学革命に関心のある読者は，プリンチペ著，菅谷暁・山田俊弘訳『科学革命』（丸善出版，2014）などに当たるとよいでしょう．

は，この方法を忠実に適用することで，できるだけ幅広い自然現象を読み解こうとする学問です．

べきと指数

具体的な話に入りましょう．近代科学は「数値」抜きにありえません．まずは数値の扱いに慣れるところから始めましょう．

（ユニフォトプレス）

図 1.1　近代科学の基礎をつくったガリレオ（左）とニュートン

自然界の広大な広がりを表すには，とても小さな量やとても大きな量を使う必要があります．そのために便利な指数表示を紹介します．10の1乗を 10^1 と書きます．これは10と同じです．10の2乗（10^2）は100です．この，10の肩に乗った整数1や2を指数といいます．そして 10^1, 10^2 などを10のべき乗と呼びます．指数はマイナスにもなります．10^{-1} は1/10を意味します．つまり0.1です．指数の重要な性質として，$10^n \times 10^m = 10^{n+m}$ が成り立ちます．例えば $10^2 \times 10^3 = 10^{2+3} = 10^5$ です．この性質から $10^n \times 10^{-n} = 10^0$ と書けますが，これは1です．つまり $10^0 = 1$ です．また，10のべき乗には表1.1に示すような呼び名と接頭辞があります．

ナノテクノロジーという言葉がありますが，これは 10^{-9} m 程度のサイズのデバイスを使ったテクノロジーを意味します．原子の大きさが 10^{-10} m ですから，1ナノメートルはその10倍です．スーパーコンピュータ富岳は442ペタフロップスを記録していますが，これは1秒当たりの演算回数[2] が 442×10^{15} であることを意味します．ナノテクノロジーや

2）　浮動小数点演算回数です．

スーパーコンピュータの発展により，科学技術の対象領域が大きく広がっています．新聞などでこれらの接頭辞を目にする機会が多くなっています．

指数表示を使うと，一般の数値は

$$(1 \text{ から } 10 \text{ の間の数}) \times 10^n$$

(n は整数) の形で表せます．例えば，電子の質量は 9.1×10^{-31} kg です．これは，数値部分が 9 と 1 で 2 桁あります．このことを，有効数字が 2 桁であるといいます．より正確には $9.1093837015 \times 10^{-31}$ kg です．こちらは有効数字 11 桁です．

自然界を長さのスケールで眺める

私たち人間の大きさはだいたい 1 m 前後ですが，図 1.2 に示すように，現在の天文学によれば宇宙全体の広がりは 10^{26} m

表 1.1　10 のべき乗と接頭辞

10 のべき乗	接頭辞
10^1	デカ
10^2	ヘクト
10^3	キロ
10^6	メガ
10^9	ギガ
10^{12}	テラ
10^{15}	ペタ
10^{-1}	デシ
10^{-2}	センチ
10^{-3}	ミリ
10^{-6}	マイクロ
10^{-9}	ナノ
10^{-12}	ピコ
10^{-15}	フェムト

に及びます．10^{26} とは，1 の後に 0 が 26 個並んだ数です[3]．この表し方をすると，地球の直径が約 10^7 m，太陽系の広がりがだいたい 10^{12} m です．

小さい方に目をやると，粗い砂粒の大きさが 1 mm，つまり 0.001 メートル程度です．0.001 は小数点をはさんでゼロが 3 個並んでいます．これを 10^{-3} と表します．ウイルスの大きさは最大で 10^{-6} m（1 マイクロメートル）程度です．現在の私たちは，すべての物質が原子・分子から構成されていることを知っています．例えば水 (H_2O) のような少数の原

---

3)　つまり 1 は 10^0 です．

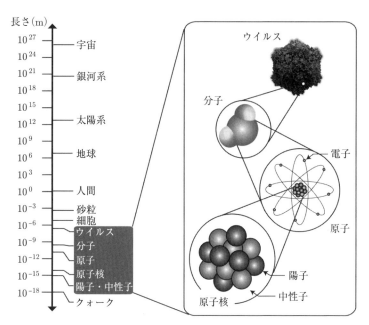

図 1.2　自然界の長さスケールとミクロな世界の階層構造

子からなる分子の大きさはだいたい 0.5 ナノメートル（1 ナノメートルが 10^{-9} m）程度です．そして 1 個の原子の大きさが 10^{-10} m 程度です．

　原子の中心には正の電荷を帯びた原子核（大きさ 10^{-14} m 程度）があり，そのまわりを負の電荷を帯びた電子（点状）がふわふわと取り巻いています．さらに原子核は，正の電荷を帯びた陽子と電気的に中性な中性子からなります．これら核子の大きさは約 10^{-15} m です．そして，陽子や中性子はクォークと呼ばれる素粒子 3 個からできています．クォークの半径の上限は 10^{-18} m 程度と考えられています．このように，現在の私たちが把握している自然界は 10^{26} m から 10^{-18} m まで，実に 44 桁にわたって広がっています．この広がりを舞台として，さまざまな自然

現象が繰り広げられているのです.

ミクロからマクロへの階層性

　図 1.2 の右側には，ウイルスが多くの分子から構成され，分子は原子から，原子は電子と原子核から，さらに原子核が陽子と中性子から構成される様子が示してあります．これは，より小さくて基本的な（ミクロな）ものが集まり，だんだんと複雑で大きな（マクロな）ものが組み上がるという見方です．逆に，玉ねぎの皮を 1 枚ずつはぐようにこの階層を降りていけば，いつかはこれ以上分割できない基本的な構成要素にいき当たるだろうと考えるわけです．これは，自然界の成り立ちがミクロからマクロへと連なる階層性をもつという見方であり，現代科学の基盤をなす思想です．

　自然科学の諸分野は，この階層のどの当たりを研究対象とするかを定め，その階層の中で有効な学問体系をつくり上げてきました．例えば天文学は，だいたい地球規模よりも大きなスケールを対象とします．生物学は，数百ナノメートルから地球規模のスケールで生起する生命現象を対象とします．

物理学の対象

　物理学の適用範囲をうまく言い表した言葉として，中谷宇吉郎の言葉「火星へ行ける日がきても，テレビ塔から落とした紙の行方を予言することはできないことは確かである」があります．あらためてその意味を考えてみましょう．

　観測することが科学の基本である点を強調しました．観測するのは私たち人間です．そこで，私たち観測者と観測対象の関係が問題になります．この関係を捉える鍵が，観測者が処理できる情報量と観測対象[4] が

---

4) 母集団といってもよいでしょう.

もつ情報量の関係です．情報量を自由度と言い換えてもよいでしょう．

この見方を図1.3に示します．観測者に対して観測対象がはるかに単純である場合を考えてみましょう．1個のボールの運動は単純です．宇宙探査機が宇宙を航行する様子は複雑に思えますが，探査機を粒子とみなせばボールの運動と同様に軌道が決定できます．ニュートンが地上の運動と天体の運動が共通の法則（万有引力の法則）で記述できることを見抜いたことと同じことです．しかも，宇宙空間には空気抵抗がありませんから，むしろ地上の運動より単純です[5]．この意味で，探査機のもつ（力学的な）情報量は極めて少ないのです．この事情のゆえに，宇宙探査機の航路を正確かつ決定論的にシミュレーションでき，迷わずに目的天体に送ることができるのです．

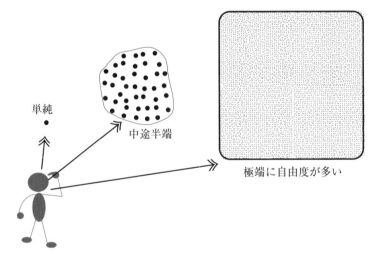

単純

中途半端

極端に自由度が多い

図 1.3 観測者からみて観測対象のもつ情報量が単純か，逆に極端に多い（かつランダムでめまぐるしく変化する）場合，物理学の対象になりうる．中途半端だとなかなか手に負えない．

---

5) もちろん他の天体からの重力の影響を考慮する必要がありますが，これも基本的にはニュートンの力学法則で記述できる効果です．

一方，観測者からみて観測対象がもつ情報量が極端に多い場合はどうでしょうか．鍋の水が沸騰するプロセスを考えてみましょう．水 1 cc には約 10^{23} 個の水分子が含まれます．これらの分子は 10^{-13} 秒（0.1 ピコ秒）程度の短時間ごとにランダムに衝突を繰り返しています．このランダムな運動に対し，個々の分子一つひとつにニュートンの運動法則を適用してこれを解くことは不可能です．しかし，このようなマクロな系の振る舞いは，統計的に記述することができます．富士山の頂上では約 90 ℃ で水が沸騰します．この事実は 統計的に決定的 です．矛盾するいい方に聞こえるかもしれませんが，これは正しい言い方です．**自由度の膨大さ，個別運動のランダムさ，衝突のめまぐるしさ** が幸いしてこのようになるのです．実際，液体が沸騰する温度を気圧の関数として決める熱力学の法則 [6] が存在します．

さて，テレビ塔から落とした紙の運動では紙の表面積が大きいために，風の影響が重力と同程度になってしいます．風の向きと大きさは時々刻々変化しますが，統計的に書き切れるほどの自由度でもありませんし，ランダムさも足りません．紙の各部分がひらひらと角度を変える時間スケールも，目に追える程度で十分めまぐるしくはありません．中途半端なのです．この結果，紙の運動のシミュレーションは非常に困難になります．この種の困難は，例えば地震予知の難しさとも相通じる問題です．

物理の基本キーワード

実験・観測・数理の組み合わせから法則を読み取るという近代科学の方法は，科学研究を進める歯車にたとえられるでしょう．となると，この歯車をどう動かすか，その視点が必要になります．科学革命以降，今日に至る約 300 年余りを通して不要な視点が排除され，本質的で基本的なものが生き残ってきました．現代の物理学における最も基本的なキー

---

6)　クラウジウス-クラペイロンの式と呼ばれています．

ワードは力（第3章），エネルギー（第4，5，6，14章），エントロピー（第7章），場（第8，9，10章），量子（第11，12章），時空（第13章）です（かっこ内は本書で特に深く関係する章）．これらのイメージを図1.4にまとめます．各キーワードと相互の関係を理解することで，物理学の全体像をつかむことが本書の目標です．

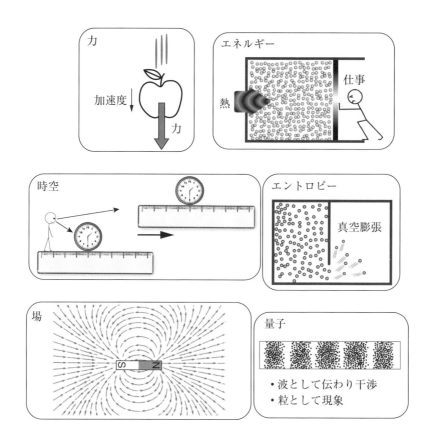

図 **1.4** **6つの基本キーワード**

1.2　量の測り方

　1.1 節で，測ることの重要性を述べました．本節では，物理的な量の性質について，より詳しく検討します．

SI 基本単位

　長さ，時間，質量，温度といった物理量を計測して数値化するには，それぞれに単位が必要です．単位が国や地域によってばらばらでは不便ですから，統一的な標準を制定する必要が生じます．フランス革命後のフランスで制定されたメートル法は今日の国際単位（**SI 基本単位**）の源流です．

　国際単位系では，7 つの基本単位が定められています．単位は万国共通で，かつ客観的な正確さをもたねばなりません．そこで，人間が人工的につくった基準器や測定誤差に左右されない定義が採用されるようになりました．定義にあいまいさが混入しないようにするには，基本的な物理法則を用いれば確かです．ここでは，身近な単位である秒，メートル，キログラムの定義を紹介します[7]．

　まず，時間の単位である秒 (s) は，現在，原子時計と呼ばれる時計を使って定義されています．原子は特定の周波数（1 秒当たりの振動回数）のマイクロ波を吸収する性質をもっています．この周波数は正確に知られています．逆に，原子がそのマイクロ波を吸収した場合，その周波数を読み取ることで 1 秒の間隔が得られます．現在の秒の定義には，セシウム 133 という原子が使われていますが，その精度は 1 万年から 10 万年に 1 秒ずれるという程度です．

　次に，長さの単位である m（メートル）は真空中の光の速さを使って定義されます．真空中の光の速さは宇宙のどこでも一定です．この客観

---

7)　基本単位としてはこの他に，電気と磁気に関するものとして電流の単位 A（アンペア），温度の単位 K（ケルビン），物質量の単位 mol（モル），光度の単位 cd（カンデラ）があります．これらについては，本書の中でおいおい説明していきます．

性を重視し，光を使って長さを定義するのです．現在，1 m は「1 秒の
1/299792458 の時間に光が真空中を伝わる長さ」として定義されます．
ここで，メートルの定義に 1 秒という時間の単位が使われていることに
注意しましょう．逆に，秒の定義にはマイクロ波の波長が必要です．つ
まり，時間と長さの単位は表裏一体です．

　質量の単位である kg（キログラム）は，長らく国際キログラム原器を
用いて定義されていました．しかしこれは人間がつくったものであり，
不確かさを伴います．そこで，2018 年 11 月に「プランク定数の値を正
確に $6.62607015 \times 10^{-34}$ J·s と定めることによって定義する」と更新さ
れました．プランク定数は次節で紹介します．

　光速もプランク定数も決してブレない自然界の普遍定数です．基本単
位の定義を，人工物ではなく，自然界の普遍定数に委ねるのです．

組立単位

　基本単位を使うと，速度の単位は m/s です．これを指数表記して $\mathrm{m \cdot s^{-1}}$
と書くこともあります．また，密度の単位は $\mathrm{kg/m^3}$ あるいは $\mathrm{kg \cdot m^{-3}}$ で
す．このように，基本単位を組み合わせて表せる単位を「組立単位」と
呼びます．特に重要な組立単位として以下のものがあります．

- 速度：$\mathrm{m \cdot s^{-1}}$
- 加速度：これは単位時間に速度が変化する割合なので，単位は $\mathrm{m \cdot s^{-2}}$
- 力：第 2 章でみるように，力は質量と加速度をかけたものに等しいの
  で，これらの単位をかけ合わせた $\mathrm{kg \cdot m \cdot s^{-2}}$ が力の単位となります．
  いちいちこのように書くのは面倒なので，これに N（ニュートン）と
  いう単位名を与えます．つまり $\mathrm{N = kg \cdot m \cdot s^{-2}}$ です．
- 仕事：第 4 章でみるように，力（N）に距離（m）をかけたものが仕事の単
  位となります．これを J（ジュール）と呼びます．つまり $\mathrm{J = N \cdot m =}$

$kg \cdot m^2 \cdot s^{-2}$ です.

有効数字

　測定値が大切だからといって，実験室の測定装置で際限なく正確な測定値が得られるわけではありません．いかなる装置にも精度の限界があります．身近な例として，身体測定で「あなたの身長は 163.211054 cm です」と言われたとします．この値は明らかにナンセンスです．しかし，場合によっては大変精巧な身体測定器が使われていて，163.211 くらいまで信頼のおける数値かもしれません．このように，測定には信頼できる精度というものがあります．では，この精度をどうやって判断したらよいのでしょう．それには同様の測定をできるだけたくさん行って統計的な誤差の程度を調べればよいのです．誤差の目安を**標準偏差**と呼びます．例えば標準偏差が 0.1 cm ならば，意味のある測定値は 163.2 cm ということになります．この場合，信頼できる具体的な数値が 4 つ並ぶので**有効数字**が 4 桁であるという言い方をします．

次元

　1 kg と 1 cm を足すことはナンセンスです．これらの量が異なる**次元**（ディメンジョン）をもつからです．一方，3 cm と 8 m と 10 km は足すことができます．これらは異なる単位をもちますが，すべて距離という共通の次元をもつからです．このように，単位と次元は異なります．この点をしっかり理解しておきましょう．

　次元について具体的にみてみましょう．時間，長さ，質量は，日常生活でも欠かせない量です．これらの次元を T（時間），L（距離），M（質量）と表します．そして，これら基本的な次元を組み合わせることでさまざまな物理量の次元ができます．例えば速度は長さを時間で割ったも

のです.

$$速度の次元 = \frac{長さ}{時間} = \frac{\mathrm{L}}{\mathrm{T}} = \mathrm{LT}^{-1} \tag{1.1}$$

時間と長さの次元をそれぞれ T, L と書きました. 同様に, 加速度は速度を時間で割ったものです. つまり

$$加速度の次元 = \frac{速度}{時間} = \frac{\mathrm{L}}{\mathrm{T}^2} = \mathrm{LT}^{-2} \tag{1.2}$$

さらに

$$力の次元 = 質量 \times 加速度 = \mathrm{MLT}^{-2} \tag{1.3}$$

$$エネルギーの次元 = 力 \times 距離 = \mathrm{ML}^2\mathrm{T}^{-2} \tag{1.4}$$

となります.

1.3 普遍定数

物理学の対象は自然ですから, 自然本来の基本的性質が物理学の基盤に埋め込まれるべきです. その役割を果たすのが, **普遍定数**と呼ばれるいくつかの定数です. 普遍とは, 地上であれアンドロメダ銀河の中であれ宇宙のどこであっても共通の値である, という意味です.

本書で扱う内容を含め, 大学で学ぶ現代物理学の全貌は, 4つの普遍定数 G, c, k_B, h を通してつかむことができます. これらの定数は今後本書の中でも詳しく紹介されるものです. ここではそのプロフィールを紹介します.

G は**万有引力定数**です. これは, ニュートンの万有引力の法則 (第3章) に現れる定数で, 質量をもつすべての物体間に作用する万有引力 (重力) の強さを表す普遍定数です. その値は

$$G \fallingdotseq 6.67 \times 10^{-11} \ \mathrm{m}^3 \cdot \mathrm{s}^{-2} \cdot \mathrm{kg}^{-1} \tag{1.5}$$

です．万有引力の法則は，地上の物体の落下現象と天体の運動を統一する法則です．つまり，G は天文学と力学を結びつける普遍定数です．

c はすでに秒の定義で紹介した真空中の光の速さで

$$c = 299792458 \text{ m·s}^{-1} \tag{1.6}$$

です．実は，第 10 章で紹介するように，この定数の奥には電気と磁気の物理が潜んでいます．光速 c は，電気・磁気と光を統一する定数なのです．

k_B はボルツマン定数と呼ばれる定数で，その値は

$$k_\mathrm{B} = 1.380649 \times 10^{-23} \text{ J·K}^{-1} \tag{1.7}$$

です．K は $-273.15\,^\circ$C（絶対零度）を基準に測った温度（絶対温度）の単位で「ケルビン」と呼びます．ボルツマン定数は，絶対温度をエネルギーに換算する定数です．絶対温度にボルツマン定数をかけると，これが熱のエネルギーとなるのです．しかし，k_B にはもっと基本的な意味が潜んでいます．第 7 章で述べるように，膨大な数の粒子からなる系の熱力学的振る舞いはエントロピーと呼ばれる統計量で記述されます．ボルツマン定数はエントロピーと直接結びつく定数です．

最後に，h はプランク定数と呼ばれる定数で，その値は

$$h = 6.62607015 \times 10^{-34} \text{ J·s} \tag{1.8}$$

です．プランク定数は原子・分子のスケールのミクロな世界の現象を記述する**量子力学**における基本定数です．この定数が本書に登場するのは第 11 章です．

2 | 物理のための数学

岸根順一郎

《**目標＆ポイント**》　自然科学の特徴は，実験して観測し，数理の手法を用いて法則を読み取ることです．この方法を具体化するため，自然科学のあらゆる分野で数学が使われます．物理学で使われる数学の特徴は何でしょうか．この点を踏まえ，この後の各章を読んでいくために必要な数学の準備をしましょう．
《**キーワード**》　微分と積分，速度と加速度，指数関数と対数関数，三角関数，ベクトル，場，内積と外積

2.1　微分積分で瞬間を捉える

ガリレオの実験

17 世紀に起きた科学革命の最大の特徴は，自然科学と数学が結びついたことです．その最初の実例が，ガリレオの斜面の実験です．地表で手放した物体の落下運動（自由落下）を究明することは，アリストテレス以来の大問題でした[1]．しかし自由落下は人間が目で追いかけるにはあまりに素早く，途中経過を丁寧に観察することが困難です．そこでガリレオは，斜面を使って重力の効果を弱めるという画期的な発想を得ます．彼は 1602 年ころ，実際に斜面をつくって実験しました（図 2.1）．

そして，運動開始からの経過時間が 2 倍，3 倍，4 倍と一定間隔で増えるごとに，物体が斜面を進む距離の比が $1:3:5:7$ と奇数の比になっていることを見出します．移動距離は 1，$1+3=2^2$，$1+3+5=3^2$，$1+3+5+7=4^2$ つまり $1^2:2^2:3^2:4^2$ のように経過時間 t の 2 乗に比例することになります．この観察結果から，落下距離は落下時間の

---

1)　アリストテレスは，物体が落ち着くべき自然な場所は地球の中心であり，その場所に帰るべく落下運動が起きるのだといっています．これは思弁に基づく苦しい，そして間違った説明です．

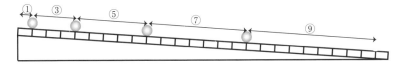

図 2.1　ガリレオの斜面実験の概念図　転がるボールが一定時間ごとに通
過する点の間の距離の比は，奇数の列となる．

2 乗に比例するという関係性を読み取ることができます．数学の本領は，
この関係を一般的な**変数**の間の関係，つまり**関数**として記述する点にあ
ります．ガリレオの実験では，落下時間を変数 t，落下距離を別の変数 x
で表すと，x が t^2 に比例することになります．式で書けば

$$x = ct^2 \tag{2.1}$$

となります．ここで，c は変化しない定数（比例定数）です．こうして，
「落下距離は時間の 2 次関数である」という数学の言葉で書かれた自然法
則を引き出すことができるわけです．x が t の関数であることを明示し
たい場合，$x(t)$ と書きます．t に任意の時刻を入力すれば，出力として
位置 $x(t)$ が得られます．このようにみると，関数は入力を出力に変える
装置としての働きをもつことがわかります．

　ガリレオの斜面の実験は，x が t の 2 次関数であることを明らかにし
ました．しかし，あいまいさが残ります．比例係数 c はいったいどこか
ら出てくるのでしょう．そもそもなぜ 2 次なのでしょう．この問いに答
えを出したのがニュートンです．ニュートンによれば，地表付近の物体
は一定の重力を受けます．一定の力を受けた物体は，加速度が一定の運
動を行います．そして，加速度が一定ならば移動距離は必然的に時間の
2 次関数となるのです．この点を理解するには微分と積分の発想が必要
です．

　微分積分と物理は切っても切れない関係にあります．その意味を探っ

てみましょう.

微積分の発想

　微分とは広がったものを 微 小なピースに 分 割する, 積分とは 分 けた
ものを 積 算することを意味します（図 2.2）. デジタルカメラの画像を
拡大すると, 微小なピース（ピクセル, 画素）に分割されていることが
わかります. これを再び寄せ集めて（積算して）大局的にみれば, つな
がったひとつづきの画像が現れます. この微小分割と積算という操作が,
それぞれ微分と積分に対応します. このように, 微分積分（微積分）は
ごく身近な発想なのです. 微積分を数式で扱う前に, この基本的な見方
を理解しておくことが重要です.

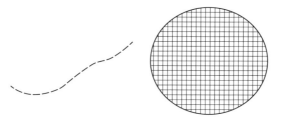

図 2.2 広がりのある滑らかな線や領域を微小ピー
スに分割するのが微分. これを再び寄せ集めて全体
をつくるのが積分.

　広がった図形の内部を微小分割し, これを積算して全体の面積や体積
を求める発想は, 紀元前 3 世紀のアルキメデスにさかのぼります. ケプ
ラー（1571–1630）は葡萄酒樽中のワインの容積を計算する目的で, 樽
を薄い円筒にスライスしてこれを積算する方法を考案しています.

　微小分割・積算の方法を自然界の運動と結びつけ, 微分積分法として
大成させたのはニュートンです. アルキメデスからニュートンまで, な

ぜこんなに時間がかかったのか．それは，ガリレオ以前に運動を時間の
関数として記述する発想がなかったからだといえるでしょう．図形を空
間的に分割するように，複雑な運動は時間を瞬間分割することで単純な
運動（速度一定の運動）に分割できます．これは，位置を時間の関数と
して表すというガリレオ的発想をもった人にはごく自然な考え方ですが，
気づかなければ決して出てきません．

　車のスピードが時速 100 km という場合，決して 1 時間に 100 km 進
んだという意味ではありません．ある瞬間に速度メーターが時速 100 km
を示したということです．瞬間の間に進む時間も距離も微小なので，

$$瞬間速度 = \frac{微小距離}{微小時間} \tag{2.2}$$

ということになります．この微小時間を際限なくゼロに近づけていくの
が微分の発想です．時間がゼロに近づくにつれて進む距離もゼロに近づ
きます．このため，この分数は 0/0 の格好になります．この一見不思議
な分数が，きちんと有限の数になるということが微分法の本質です．

　(2.2) を距離についての式に読み替えると

$$微小距離 = 瞬間速度 \times 微小時間 \tag{2.3}$$

となります．微小時間の間，速度は一定とみなせます．そして，有限の
時間を，微小時間を積算することで表せます．すると，進む距離は微小
距離の和で表せます．このことを，記号的に

$$距離 = \sum 微小距離 \rightarrow \int 瞬間速度 \times 微小時間 \tag{2.4}$$

と書きましょう．$\sum$ は和を表すシグマ記号，$\int$ は微小時間についての積
算を意味する積分記号（インテグラル，integral）．これが積分の発想で
す．積分記号の integral は，統合を意味する言葉です．

位置と座標

　微分と積分の発想について述べたので，より具体的な運動の記述法に移りましょう．直線道路をまっすぐ走る車を思い浮かべましょう．直線上の運動は1次元運動と呼ばれます．運動を追跡するには，まずは車の位置を指定する必要があります．GPS の位置表示のように，車の位置を点で表すことにします．実際の車は大きさと形をもちますが，これを点に抽象化するわけです．これもまた数学的なものの捉え方です．

　点の位置を指定するには**座標系**を使います．座標とは，場所（座）のしるし（標）を意味します．座標系を思いついたのはデカルトです．デカルトは，部屋（3次元空間）の中を飛び回る蝿を眺めているとき，その位置を指定するには原点と3本の直交する座標軸 (x, y, z) を使えばよいことに気づいたといいます．これが**デカルト座標系**，または**直交座標系**と呼ばれるものです．

　空間に原点 O を定め，原点を通る目盛り付きの軸をとります．そして，軸に矢印をつけて正の向きを指定します．1次元運動なら1本（x 軸），2次元運動なら2本（x 軸と y 軸）の座標軸で間に合います．原点，軸，正の向きという3つの情報をセットで与えることで，ひとつの座標系が決まります．座標系を使うと，位置という幾何学的な情報が数値で表せます．このアイデアは，ニュートンやライプニッツが微分積分を建設す

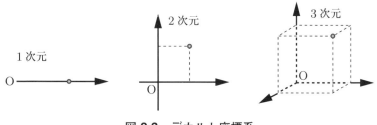

図 2.3　デカルト座標系

るうえでも重要な役割を果たしました．さらに進んで，ベクトルやベクトル空間という，より抽象的な概念に一般化されていきます．

瞬間速度と微分

ある時刻 t での位置 $x(t)$ は，時間幅 Δt だけ後の時刻 $t + \Delta t$ には $x(t + \Delta t)$ に変化します[2]．このように，変数を t から $t + \Delta t$ に入れ替えただけで位置の変化を表せてしまうことが関数の利点です．時間幅 Δt の間の位置の変化を Δx と書けば，

$$\Delta x = x(t + \Delta t) - x(t) \tag{2.5}$$

と表せます．これを時間幅 Δt で割った

$$\frac{\Delta x}{\Delta t} = \frac{x(t + \Delta t) - x(t)}{\Delta t} \tag{2.6}$$

が位置の変化率つまり速度ということになります．ただ，このままだと時間幅はいくらでも大きくとれます．速度は時々刻々変化しうるものですから，瞬間の変化率を知る必要があります．そこで，Δt を限りなくゼロに近づける（$\Delta t \to 0$）という操作（極限操作）を考えます．この操作を

$$\frac{dx}{dt} = \lim_{\Delta t \to 0} \frac{\Delta x}{\Delta t} \tag{2.7}$$

と書き，時刻 t での瞬間速度と定義します．Δ の代わりに d を使うことで極限操作がとられたことを表します．瞬間速度も時間の関数ですから，これを $v(t)$ と書きます[3]．こうして

$$v(t) = \frac{dx}{dt} \tag{2.8}$$

という数学表記に到達します[4]．両辺に dt をかけ，

---

2) 物理では，変化量にギリシャ文字 Δ（デルタ）をつけて表す習慣があります．Δ は英語の difference（差）の頭文字 D に対応するギリシャ文字です．
3) v は速度を意味する velocity の頭文字です．
4) 行間の節約のため，$v(t) = dx/dt$ と書くこともよくあります（本書でも多用します）．

$$v(t)\, dt = dx \tag{2.9}$$

と書いても構いません.

なお, 物理では, 単に速度といえば瞬間速度を意味するのが普通です. このため瞬間は省略して, 単に速度という言葉で通すことが一般的です.

以上に現れた, 同じ内容の式を結んでいくと

$$v(t) = \frac{dx}{dt} = \lim_{\Delta t \to 0} \frac{\Delta x}{\Delta t} = \lim_{\Delta t \to 0} \frac{x(t + \Delta t) - x(t)}{\Delta t} \tag{2.10}$$

のようにいろいろな書き方が可能です. ニュートンはこれを流率と呼び, $\dot{x}$ で表しました. ニュートン流に書けば

$$v(t) = \dot{x} \tag{2.11}$$

です.

数学の言葉では, dx を位置の微分 (differential) と呼びます. また, 限りなくゼロに近づけた量を無限小の量といいます. 特定の時刻 t での dx/dt の値 (つまり瞬間速度の値) は微分係数 (differential coefficient) と呼ばれます. さらに dx/dt 自体が時間の関数です. dx/dt を t の関数として表したものを導関数 (derivative) といいます. 時間についての瞬間変化率なので, 時間導関数というように, 丁寧にいうこともあります. また, 導関数を計算することを微分するといいます. いろんな言葉が出てきて紛らわしいですが, 単に「位置を微分すると速度になる」という言い方だけで済ませて構いません. 大切なことは, (2.10) の意味をしっかり飲み込むことです.

例として, 以上の操作をガリレオの実験結果に適用してみましょう. $x(t) = ct^2$ ですから

$$\Delta x = c(t + \Delta t)^2 - ct^2 = 2ct\, \Delta t + c(\Delta t)^2 \tag{2.12}$$

です[5].　Δt は，これだけでひとまとまりの量である点に注意しましょ
う．これを Δt で割れば

$$\frac{\Delta x}{\Delta t} = \frac{2ct\,\Delta t + c(\Delta t)^2}{\Delta t} = 2ct + c\,\Delta t \tag{2.13}$$

です．ここで，右辺の 1 項目から時間幅 Δt が消えました！一方，2 項目
には Δt が残っていますが，極限操作を施せばこれは消えてしまいます．
つまり

$$\lim_{\Delta t \to 0} \frac{\Delta x}{\Delta t} = 2ct \tag{2.14}$$

です．こうして，瞬間速度が導関数の形で

$$v(t) = 2ct \tag{2.15}$$

と求められます．この結果は，速度が時間に比例して増大することを意
味しています．速度が増大するとはつまり，加速しているということで
す．ガリレオの斜面の実験は，加速の様子を正しく捉えたわけです．

　(2.12) は，Δx が Δt の 1 次の項と 2 次の項を含みますが，2 次以上
（ここでは 2 次までしかありませんが）の項を無視すると，それが微分に
相当するということです．しかしこれでは微分と近似の区別があいまい
です．極限という新しい概念の導入によってこのあいまいさを取り除い
たところに微分法の本質があります．これがニュートンとライプニッツ
による偉大な発明です．

加速度

　日常生活でも，車の速度がどんどん速くなれば「加速している」とい
います．この言い方を'瞬間化'した量が**瞬間加速度**です．以下では単に
加速度と呼ぶことにします．位置の時間導関数が速度であるのと全く同
じ論理で，加速度は速度 $v(t)$ の時間導関数として

---

5)　展開公式 $(a+b)^2 = a^2 + 2ab + b^2$ を使う．

$$a(t) = \frac{dv}{dt} \tag{2.16}$$

と書けます[6]. ガリレオの斜面の実験の場合, $\Delta v = 2c\,\Delta t$ なので $\Delta v/\Delta t = 2c$ となって Δt は姿を消します. ですから極限操作をしても同じ結果

$$\lim_{\Delta t \to 0} \frac{\Delta v}{\Delta t} = 2c \tag{2.17}$$

が得られます. つまり

$$a(t) = 2c \tag{2.18}$$

です. この結果は, 加速度が時間によらず一定であることを意味しています. このような運動を**等加速度運動**といいます.

2c には加速度の意味があることがわかりましたので, これをあらためて a_0 と書くことにします. 時間によらない定数であることを強調するため, a_0 のように添え字 0 を添えます. a_0 を使って (2.1), (2.14), (2.18) を書き直すと, $2c = a_0$ より

$$x(t) = \frac{1}{2}a_0 t^2, \quad v(t) = a_0 t, \quad a(t) = a_0 \tag{2.19}$$

となります.

ところで, (2.8) をそのまま (2.16) に当てはめると

$$a(t) = \frac{dv}{dt} = \frac{d}{dt}\left(\frac{dx}{dt}\right) \tag{2.20}$$

となります. 位置を時間で微分したもの (速度) を, さらにもう一度微分すると加速度になります. 2回微分する操作を

$$a(t) = \frac{d^2 x}{dt^2} \tag{2.21}$$

と書きます. 同じことを, ニュートンは別の記法 (流率記法) を使って

$$a(t) = \dot{v} = \ddot{x} \tag{2.22}$$

---

6) a は加速度を意味する acceralation の頭文字.

と書きました. $\ddot{x}$ は「エックスツードット」と発音します[7]. 加速度の概念を正しくつかみ, 数学的に記述することは力学の近代化にとって決定的な突破口となりました.

積の微分

時間の関数が 2 つあるとし, これらを $x(t)$, $y(t)$ とします. 自然科学では, これらの積 $x(t)y(t)$ の微分が必要になる場面がたくさん出てきます. 微分の定義 (2.10) に戻って考えると,

$$\frac{d}{dt}\{x(t)y(t)\} = \frac{dx(t)}{dt}y(t) + x(t)\frac{dy(t)}{dt} \tag{2.23}$$

が得られます. これを**積の微分公式**, または**ライプニッツのルール**といいます.

微分係数は接線の傾き

位置の変化と瞬間速度の関係を, グラフの性質として幾何学的に捉えてみましょう. 図 2.4 は, 関数 $x(t) = \frac{1}{2}a_0 t^2$ のグラフです. 縦軸に x, 横軸に t をとるので $x-t$ グラフと呼ばれます. このとき $\Delta x/\Delta t$ は, グラフ上で時刻 t_0 と $t_0 + \Delta t$ の点を結ぶ線分の傾きになっています. t_0 を固定して Δt を小さくしていくと, $t_0 + \Delta t$ はどんどん t_0 に接近します. 極限 $\Delta t \to 0$ をとると, 直線は $t = t_0$ でのグラフの接線になります. つまりある時刻での瞬間速度 dx/dt は, $x-t$ グラフの瞬間的な傾き, **接線の傾き**です.

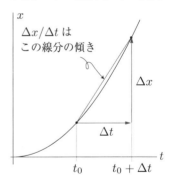

図 2.4 時間幅 Δt をどんどん小さくしていくと, $\Delta x/\Delta t$ は $t = t_0$ での接線の傾きに近づいていく.

---

7) ただし, 微分をドットで表す場合, これは時間による微分を意味します.

t_0 と $t_0 + \Delta t$ の点を結ぶ線分を '微小なピース (素片)' とみて, 隣接する時間ごとにこのピースをつないでいくと $v\text{–}t$ グラフができる, とみることもできます. Δt を小さくすると, ピースをつないだ線は $x\text{–}t$ グラフと重なります. こうして, 広がった曲線を微小なピースに分ければ, そのピースごとの傾きが瞬間速度 (微分係数) になっているわけです. 微小なピースに分割することが微分であるという, とはこのような意味です.

積分は面積

　以上では, 位置 $x(t)$ を微分して速度 $v(t)$ を計算しました. 逆に, $v(t)$ がわかっているとして, 時刻 0 から t_0 の間の $x(t)$ の変化を計算するにはどうすればよいでしょうか. 問題は, 時々刻々変化する速度 $(v(t) = a_0 t)$ からどうやって移動距離を計算するかということです. その答えが「時間を瞬間分割してから積算する」方法, つまり積分です. たとえ速度が変化していても, 瞬間的には一定速度とみなせます. つまりごく小さな Δt の間, $x(t)$ のグラフは t 軸に平行な微小線分になります. この着想が突破口です. そして, 微小線分を階段状につないでいくことで段階的に $v(t)$ を変化させます. 最後に極限 $\Delta t \to 0$ をとれば, カタカタとした階段は際限なく細かくなり, 滑らかな変化のグラフと見分けがつかなくなります. このとき, 全体として進んだ距離は図 2.5 のように $v(t)$ のグラフ (いまの場合は直線) の下側の面積になります. ここでの操作を「時刻 0 から t_0 に至る速度の積分」といい, 記号

$$\int_0^{t_0} v(t)\, dt \tag{2.24}$$

で表します.

　この記号の意味は以下の通りです. 無限小の時間幅 dt の間の位置の変化は $v(t)\, dt$ です. これは, 一定の速度に時間をかければ位置の変化が得

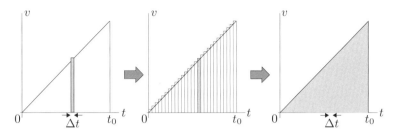

図 2.5　等加速度直線運動を，短い時間幅 Δt の等速直線運動が積算された運動とみる．Δt の間に進む距離は，細い短冊型長方形の面積．$\Delta t \to 0$ にしてこの面積を足していけば，正確な移動距離がわかる．この移動距離は，塗りつぶした直角三角形の面積に等しくなる．

られる，つまり「道のり ＝ 速さ × 時間」という関係と同じことです．次にこの変化を積算するわけです．積算とはつまり足し算です．足し算のことを英語で Summation といいます．この頭文字の S を上下に引き延ばしたものが積分記号 $\int$ です．最後に，下端に 0，上端に t_0 が添えてあるのは，「時刻 0 から t_0 に至る時間にわたる積算」を意味します．

時刻 0 での位置は $x(0)$ です．すると，時刻 t での位置 $x(t)$ は積分記号を使って

$$x(t) - x(0) = \int_0^{t_0} v(t)\,dt \tag{2.25}$$

と書けます．ガリレオの斜面の実験の例では，下側の図形は底辺の長さ t_0，高さが $a_0 t_0$ の直角三角形ですから，その面積は $\frac{1}{2} a_0 t_0^2$ です．つまり

$$\int_0^{t_0} (a_0 t)\,dt = \frac{1}{2} a_0 t_0^2 \tag{2.26}$$

両辺の a_0 は共通なので，これを割ってしまいましょう．すると

$$\int_0^{t_0} t\,dt = \frac{1}{2} t_0^2 \tag{2.27}$$

が得られます．この式を以下のように読みます．$\frac{1}{2}t^2$ を微分すると t になりますが，t からみた $\frac{1}{2}t^2$ のことを t の**原始関数**と呼びます．そして，積分の結果は上端 t_0 での原始関数と下端 0 での原始関数の値の差です．これを

$$\int_0^{t_0} t\,dt = \left[\frac{1}{2}t^2\right]_0^{t_0} = \frac{1}{2}t_0^2 - \frac{1}{2} \times 0^2 = \frac{1}{2}t_0^2 \qquad (2.28)$$

と表します．

まとめると

$$t \xleftrightarrow[\text{原始関数（積分）}]{\text{導関数（微分）}} \frac{1}{2}t^2 \qquad (2.29)$$

ということです．逆に，いろいろな関数の原始関数をリストにしておけば，傾きや面積の考え方に戻らなくても微分や積分の計算ができてしまいます．微分と積分の関係が双方向になっていることは，微分積分学における最も基本的な事実です．数学では，これを微積分学の基本定理と呼びます．

ガリレオの斜面の実験に現れたのは 2 次関数でしたが，一般の n 次関数の場合

$$t^n \xleftrightarrow[\text{原始関数（積分）}]{\text{導関数（微分）}} \frac{1}{n+1}t^{n+1} \qquad (2.30)$$

となります．物理に表れる重要な関数の原始関数を知っておくことはとても重要です．これについては次節で紹介します．

エレベーターの運動

エレベーターが 1 階から 10 階まで直行する動きを思い浮かべましょう．1 階を出たエレベーターは，まず加速し，その後しばらく一定速度で上昇し，今度は減速して 10 階に停止します．このとき，1 階からの移

動距離 x，速度 v，加速度 a の関係はどうなるでしょう．おそらく一番
間違えにくいのが速度でしょう．速度の時間変化を表す $v\text{-}t$ グラフは

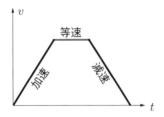

のようになります．直感と数学が結びつきやすいと思います．

　ここから加速度を求めることは簡単です．加速度は $v\text{-}t$ グラフの傾き
に対応しますから，加速度の時間変化を表す $a\text{-}t$ グラフは

です．

　一番厄介なのが $x\text{-}t$ グラフです．これは $v\text{-}t$ グラフの面積を $t = 0$ か
ら積算することで求められます．等加速度運動の場合，$x\text{-}t$ グラフは 2 次
関数になるのでした．ここで，まずは加速することに注意しましょう．
加速するということは

$$a = \frac{d^2x}{dt^2} > 0 \tag{2.31}$$

ということです．これは，$x\text{-}t$ グラフの接線の傾き（まさにこれが速度）
が増大していくことを意味します．数学の言葉でいうと，下に凸のグラ
フになります．そして，速度一定の区間に入ると $x\text{-}t$ グラフは傾き一定
の直線になります．最後に減速区間では

$$a = \frac{d^2x}{dt^2} < 0 \tag{2.32}$$

ですから x–t グラフの接線の傾き（まさにこれが速度）は減少していきます．結果，

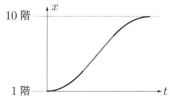

のようなグラフが得られます．

ところで，x–t グラフを

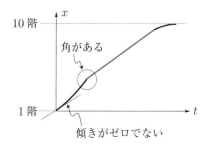

と描いた人がいたとします．この図には間違いが2つあります．まず，加速から速度一定に推移する際，速度が急にジャンプするわけではありません．ということは，x–t グラフにはとがった角があってはいけません．もし角があれば，その前後でグラフの傾きが急激に変化します．これでは速度がジャンプすることになってしまいます．また，1階を出る瞬間のグラフの傾きが正になっています．これでは1階で静止しておらず，地下から止まらずに上がってきて1階を通過していく動きになってしまいます．この例題を通して，加速度，速度，位置の変化の関係を正しくつかめるようになると思います．

2.2 成長と減衰を指数・対数で捉える

指数関数

　ある量が，一定時間に倍増していくプロセスを考えましょう．例えば時刻 $t = 0$ で 1 個から始まり，時間 T [s][8] の間に個数が「2 倍」になる変化があるとします[9]．時刻 t での個数は

$$x(t) = 2^{t/T} \tag{2.33}$$

となります．これを 2 を底とする**指数関数**といい，変化の様子は図 2.6 のようになります．個数の増加を 2 倍に限る必要はどこにもありません．むしろ数学的に見通しがよいのが，

$$e = 2.718281828459045 \ldots \tag{2.34}$$

という無理数[10]です．これを**自然対数の底**または**ネイピア数**といいます[11]．e を底として，

$$x(t) = x_0 e^{t/\tau} \tag{2.35}$$

と書かれる変化を**指数関数的増大**といいます．単に指数関数というと，e を底に選ぶことを意味します．x_0 は時刻 $t = 0$ での値（初期値）です．また，τ は時間の次元をもつ定数で，**時定数**と呼ばれます．

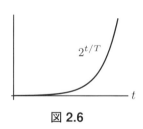

図 2.6

指数関数の引数は無次元

　t/T や t/τ は時間を時間で割ったものです．つまり次元をもたない無次元量です．指数関数の指数部分は，このように必ず無次元でなくては

---

8) これは，時間の単位を秒 (s) として，その T 倍の時間ということです．
9) 日本語ではネズミ算式ということもあります．
10) 無理数とは，分子・分母がともに整数である分数として表すことのできない実数のことです．
11) $e = \lim_{n \to \infty} (1 + 1/n)^n$ で定義されます．より立ち入って学びたい方は，例えば石崎克也著『入門微分積分』（放送大学教育振興会）第 5 章を参照してください．

なりません．(2.35) で τ を忘れて $x(t) = x_0 e^t$ と書いてしまったとすると，この式は 物理的に ありえません．理由は以下の通りです．

指数関数は，t, t^2, t^3 のように変数のべきで表されるべき関数を無限に足し合わせた級数の形で

$$e^t = 1 + t + \frac{1}{2!}t^2 + \frac{1}{3!}t^3 + \frac{1}{4!}t^4 + \cdots \qquad (2.36)$$

と表すことができます．この式の右辺で，1 は無次元，t は時間の次元，t^2 は時間の 2 乗の次元，t^3 は時間の 3 乗の次元 $\cdots$ というふうに，次元が異なる量がどんどん足されていきます．次元が違う量は足せませんので，この式はナンセンスです．もちろん，t 自体が無次元なら何の問題もありません．ただ，物理の問題としてはあくまで t は時間なのです．これに対し，$e^{t/\tau}$ の展開は

$$e^{t/\tau} = 1 + \frac{t}{\tau} + \frac{1}{2!}\left(\frac{t}{\tau}\right)^2 + \frac{1}{3!}\left(\frac{t}{\tau}\right)^3 + \frac{1}{4!}\left(\frac{t}{\tau}\right)^4 + \cdots \qquad (2.37)$$

です．左辺も，右辺のすべての項も無次元です．何の問題も起きません．

この点に注意しておくと，うっかり $x(t) = x_0 e^t$ などと書いてしまっても，これが物理的にナンセンスであると気づくことができます．これもまた重要なセンスです．

微分方程式

（e を底とする）指数関数のメリットは，微分しても関数の形が変わらないことです．つまり

$$\frac{d}{dt}e^{t/\tau} = \frac{1}{\tau}e^{t/\tau} \qquad (2.38)$$

です．これより (2.35) は

$$\frac{dx}{dt} = \frac{1}{\tau}x \qquad (2.39)$$

という関係を満たすことがわかります．これは x の導関数が満たす関係式なので**微分方程式**と呼ばれます．逆に，(2.39) だけが与えられたとして，これを満たす未知の x を探す作業のことを「微分方程式を解く」といいます．方程式というと，1 次方程式や 2 次方程式など未知 数 を求める式を思い浮かべると思います．これに対し，微分方程式は未知の 関数 を求める作業です．現象の因果関係を微分方程式で表してこれを解くことは，物理学で極めて重要な役割を果たします．

　次に (2.39) の意味を考えましょう．dx/dt は x が増大する速さで，これが x に比例する（比例係数が $1/\tau$）というわけです．x が成長すると，これに比例して成長 率 も増大するわけです．図 2.6 に示すように，指数関数的増大は，直線的な増大（これを**線形変化**といいます）に比べてはるかに激しい増大です．

指数関数的変化の例

　ウイルス感染症の拡大期の感染者数は，指数関数的に増大することが知られています．防疫対策を何らとらず，一人の感染者が周囲の人々を感染させると，感染者の数は (2.39) に従って増大します．しかし，指数関数は，急速な成長を表すだけではありません．

$$x(t) = x_0 e^{-t/\tau} \tag{2.40}$$

は減衰しながらやがてゼロになる変化です．水平面上で物体を押し出すと，空気抵抗によって速度が徐々に落ちていき，やがて止まります．その場合の速度の変化は (2.40) で表されます（ただし，x を v と読み替える）．原子核が自然に崩壊する現象（原子核崩壊）もこの関数で表されます．この場合，x は崩壊とともに減っていく原子核の数です．電荷をためたコンデンサーの両極を導線でつなぐと放電が起きます．このとき，

コンデンサーの電荷の時間変化も式 (2.40) で表されます.

次に,

$$x(t) = x_0\bigl(1 - e^{-t/\tau}\bigr) \tag{2.41}$$

は増大しながらやがて一定値に落ち着く変化を表します. 雨粒のように, 空気中を落下する小物体は空気抵抗を受けます. その結果, 時間とともに一定速度に近づきます. この変化は (2.41) で表されます. コンデンサーに電池をつないで帯電する際の, 電荷の変化も同じ式で表されます. このように, 一見, 全く異なる現象が同じ関数形で書ける例は自然現象のいたるところでみられます.

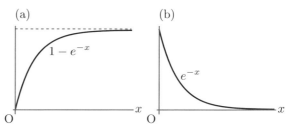

図 2.7　指数関数で記述される変化

対数関数

ウイルス感染の初期に感染者が指数関数的に増大しているとしましょう. この変化をグラフに描くと図2.8(a) のようになるわけですが, このグラフを見せられて「これは指数関数だ」とすぐ気づくのは難しいでしょう. そこで,

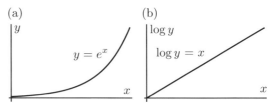

図 2.8　(a) 指数関数のグラフ. (b) 縦軸を対数にするとグラフは直線になる.

(2.35) の指数部分 t/τ を取り出せば，これは比例（線形）のグラフになります．指数関数の肩に乗った指数を取り出す操作を「対数をとる」といいます．具体的に，指数関数 $y = e^x$ に対して，指数 x を $\log_e y$, $\log y$, $\ln y$ などと書き，これを e を底とする対数関数と呼びます．つまり

$$y = e^x \iff x = \log y \tag{2.42}$$

です．単に $\log$ と書いた場合，底が e であると了解するのが普通です．

(2.40) の場合，

$$\log x(t) = \log\bigl(x_0 e^{-t/\tau}\bigr) = \log x_0 - t/\tau$$

です [12]．これは時間 t の 1 次関数で，横軸に t，縦軸に $\log x(t)$ をとるとグラフは直線になります．このようなグラフを片対数グラフといいます．片とは，もともとの変数 t, x のうち，片方の x だけの対数をとることを意味します．図 2.8(b) に，(a) のグラフの縦軸を y の対数 $\log y$ で置き換えた片対数グラフを示します．曲がった指数関数の対数をとると直線になる．逆に，対数をとって直線になる変化は指数関数的な変化だと判断できます．実験データが急激に変化する場合，片対数グラフを描いてみることで，背後のメカニズムが予想できることがよくあります．

2.3　振動を三角関数で捉える

指数関数と並んで重要なのが三角関数です．次の図 2.9 のように，xy 平面に原点を中心とする半径 1 の円を描きます．円周上，x 軸から反時計回りに θ ラジアン回った位置にある点 P の座標を考えます．角度を半径 1 の円弧の長さに対応させるのが弧度法です．弧度法で測った角度の単位がラジアンです．円周の長さは 2π ですから，2π ラジアンは $360°$ に対応します．

---

12)　対数の性質 $\log(ab) = \log a + \log b$ $(a > 0,\ b > 0)$ を使います．

このとき，点 P の x 座標と y 座標をそれぞれ

$$x = \cos\theta, \quad y = \sin\theta \tag{2.43}$$

と書きます．これが三角関数です．

$$\tan\theta = \frac{\sin\theta}{\cos\theta} \tag{2.44}$$

もよく使われます．三角関数の顕著な性質は，θ が 2π だけ増えるともと
の値に戻る性質（周期性）です．θ は，あらゆる実数をとることができ
ます．対応して，$\cos\theta$ と $\sin\theta$ のグラフを θ 軸が負の領域にもつなげて
いくことができます（図 2.9）．

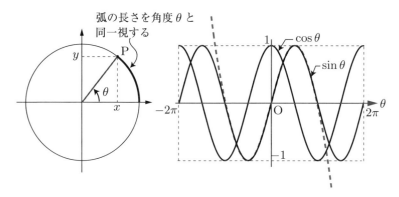

図 2.9　三角関数のグラフ　破線は $\theta - \frac{\theta^3}{3!} + \frac{\theta^5}{5!} - \frac{\theta^7}{7!}$ のグラフ．

三角関数の導関数は

$$\frac{d}{d\theta}\cos\theta = -\sin\theta, \quad \frac{d}{d\theta}\sin\theta = \cos\theta \tag{2.45}$$

です．

　以上は純粋に数学的な話です．ここから物理の問題に移りましょう．
物理で三角関数がでてくるのは，物体が時間とともに振動する運動です．

では，時間を t として，例えば位置の変化を $x(t) = x_0 \sin t$ と書くこと
に意味はあるでしょうか．答は No です．指数関数の場合と同様，三角
関数の変数も無次元でなくてはなりません．そこで，時間の逆数の次元
をもつ量 ω を導入し，これと t をかけて $\theta = \omega t$ とおけば，これは無次
元になります．こうして，

$$x(t) = x_0 \sin(\omega t) \tag{2.46}$$

は物理的に意味のある式ということになります．

　$\sin$，$\cos$ の変数が ωt である場合の微分公式も書きとどめておきます．

$$\frac{d}{dt}\cos(\omega t) \ = \ -\omega \sin(\omega t) \tag{2.47}$$

$$\frac{d}{dt}\sin(\omega t) \ = \ \omega \cos(\omega t) \tag{2.48}$$

さらにこれをもう一度微分すると

$$\frac{d^2}{dt^2}\cos(\omega t) \ = \ -\omega^2 \cos(\omega t) \tag{2.49}$$

$$\frac{d^2}{dt^2}\sin(\omega t) \ = \ -\omega^2 \sin(\omega t) \tag{2.50}$$

となります．これより，A，B を定数として

$$x(t) = A\cos(\omega t) + B\sin(\omega t) \tag{2.51}$$

は

$$\frac{d^2 x}{dt^2} = -\omega^2 x \tag{2.52}$$

を満たすことがわかります．これを，時間の関数 $x(t)$ が満たす微分方程
式と読むことができます．これは，**単振動の方程式**と呼ばれるもので，
ばねにつながれた物体の運動方程式に対応しています（第 3 章）．そし
て (2.51) が一般解です．一般というのは，係数 A や B を適当に選ぶこ

とで，いろいろな初期条件の下での解が得られるということです．初期条件というのは，時刻 $t = 0$ での位置と速度のセットをいいます．

　微分積分は，物理学の初歩から最先端に至るまで，あらゆる場面で主役を果たします．物理の内容が高度になるにつれ，微分積分の使い方も高度化します．ただ，本書で扱う物理学の内容を理解するうえでは，ここまで述べた程度のことが理解できていれば十分です．

2.4　ベクトルで向きを捉える

ベクトルとスカラー

　物理量の変化を瞬間的に捉えるための言葉が微分積分でした．もうひとつ，量を捉える重要な視点について述べます．図 2.10 はよく見る気象情報図で，各地の風速の分布が描かれています．この図では，風速の強さが矢印の色の濃淡で表されています．実は，この図は非常に重要な数学的メッセージを発信しています．風速というのは，強い弱いだけではなく，向きの情報を含むのです．このように，大きさだけではなく，向きをもつ量をベクトルと呼びます．速度はベクトルです．同様に，加速度もベクトルです．これに対し，気温のように大きさしかもたない量はスカラーと呼ばれます．ベクトルは，太字や矢印をつけて v, $\vec{v}$ などと表します．本書では，基本的に v を採用します．

場

　図 2.10 には，もうひとつ重要なメッセージが込められています．この図が，各地での風速の分布を一挙に表していることです．物理量が空間に分布したものを，物理では場と呼びます．風速の分布はベクトルの分布ですから，ベクトル場です．これに対し，気温の分布はスカラー場です．

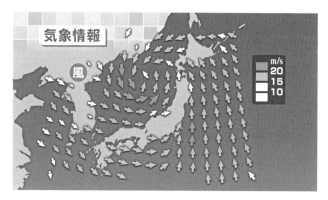

図 2.10　風速の分布を示す気象情報図

ベクトルの表し方

　ベクトルは，矢印付きの線分（有向線分）と
して描けます．いま，同じ長さの矢印をたくさ
んつくり，向きをそろえて平面上に並べてみま
しょう．これらの矢印はすべて同じ大きさ・同
じ向きをもつので，すべて同じベクトルとみな
します．これを a と書きましょう [13]．言い換
えれば，a を平行移動したものは，すべて同じ
ベクトル a です．では，a の情報を万人が共有
するにはどうすればよいでしょう．

　そのためには，平面上に基準となる 2 つの向
きを定め，さらに長さを測る単位を決めれば十

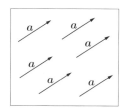

図 2.11　同じ大きさと
向きをもつ有効線分はす
べて同じ 1 つのベクトル
を表す．ただ，ベクトル
が配置される場所（始点
の位置）が異なるだけで
ある．

分です．考えている平面が地図であるとして，2 つの向きを東（x 軸）と
北（y 軸）にとるとわかりやすいでしょう．東向きの長さ 1 のベクトル
を e_x，北向きの長さ 1 のベクトルを e_y とします．すると a は，「始点
から東へ x，北へ y 進んだ位置に矢印の先端がある」という言い方で指

---

13)　ここでは内容を特定せず，任意のベクトルとして記号 a を使います．加速度の
a を意味するわけではありません．

定できます（図 2.12）．これを数式で

$$\boldsymbol{a} = a_x \boldsymbol{e}_x + a_y \boldsymbol{e}_y \qquad (2.53)$$

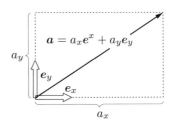

と表現できます．数学の言葉では，$\boldsymbol{e}_x$，$\boldsymbol{e}_y$ を直交基底，a_x，a_y を成分と呼びます．このように，2次元平面上のベクトルは，2つの直交基底と2つの成分のセットによって完全に指定できます．

図 2.12 基底と成分を使ってベクトルを表現する．

（2.53）を $\boldsymbol{a} = (a_x, a_y)$ と表記することもあります．これは，ベクトルと点の座標を同一視する書き方です．便利な表記ですが，基底 $\boldsymbol{e}_x$，$\boldsymbol{e}_y$ があらわに見えない点がデメリットです．直交基底 $\boldsymbol{e}_x$，$\boldsymbol{e}_y$ を使っていることを了解しておく必要があります．

$\boldsymbol{a}$ の大きさ（長さ）を，$|\boldsymbol{a}|$ または a と表します．三平方の定理（ピタゴラスの定理）より

$$a = |\boldsymbol{a}| = \sqrt{a_x{}^2 + a_y{}^2} \qquad (2.54)$$

であることがわかります．

ベクトルの代数

ベクトルに定数をかけることができます．例えば $2\boldsymbol{a}$ は，ベクトル $\boldsymbol{a}$ と向きが同じで長さが2倍のベクトルです．また，$-\boldsymbol{a}$ は $\boldsymbol{a}$ と逆向きのベクトルです．さらに，2つのベクトル $\boldsymbol{a}$，$\boldsymbol{b}$ は足したり引いたりすることができます．

$$\boldsymbol{a} = a_x \boldsymbol{e}_x + a_y \boldsymbol{e}_y, \ \boldsymbol{b} = b_x \boldsymbol{e}_x + b_y \boldsymbol{e}_y \qquad (2.55)$$

としましょう．ここで a_x，a_y は $\boldsymbol{a}$ の各成分，b_x，b_y は $\boldsymbol{b}$ の各成分です．これらの和（合成ともいう）は

$$\boldsymbol{a} + \boldsymbol{b} = (a_x + b_x)\,\boldsymbol{e}_x + (a_y + b_y)\,\boldsymbol{e}_y \tag{2.56}$$

となります．これは東へ $(a_x + b_x)$，北へ $(a_y + b_y)$ 進む矢印を意味します．図形的には，$\boldsymbol{a}$ と $\boldsymbol{b}$ の始点をそろえ，これらを 2 辺とする平行四辺形の対角線に対応するベクトル $\boldsymbol{a} + \boldsymbol{b}$ です．ベクトルの差は

$$\boldsymbol{a} - \boldsymbol{b} = (a_x - b_x)\boldsymbol{e}_x + (a_y - b_y)\boldsymbol{e}_y \tag{2.57}$$

です．これは，$\boldsymbol{a}$ と $\boldsymbol{b}$ の始点をそろえ，$\boldsymbol{b}$ の先端から $\boldsymbol{a}$ の先端に引いたベクトルです．

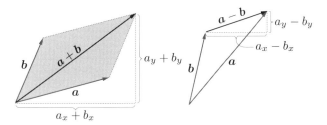

図 **2.13** ベクトルの和（合成）と差

ベクトルの内積

直交基底 $\boldsymbol{e}_x$，$\boldsymbol{e}_y$ どうしの内積というものを

$$\boldsymbol{e}_x \cdot \boldsymbol{e}_x = \boldsymbol{e}_y \cdot \boldsymbol{e}_y = 1, \quad \boldsymbol{e}_x \cdot \boldsymbol{e}_y = \boldsymbol{e}_y \cdot \boldsymbol{e}_x = 0 \tag{2.58}$$

で定義します．この規則に従うと，ベクトル $\boldsymbol{a}$，$\boldsymbol{b}$ の内積は，

$$\boldsymbol{a} \cdot \boldsymbol{b} = a_x b_x + a_y b_y \tag{2.59}$$

となります[14].

次に，ベクトル $\boldsymbol{a}$, $\boldsymbol{b}$ が x 軸となす角をそれぞれ α, β とします．すると $a_x = a\cos\alpha$, $a_y = a\sin\alpha$, $b_x = b\cos\beta$, $b_y = b\sin\beta$ ですから，これらを (2.59) に代入して

$$\boldsymbol{a} \cdot \boldsymbol{b} = ab(\cos\alpha\cos\beta + \sin\alpha\sin\beta) = ab\cos(\alpha - \beta) \tag{2.60}$$

が得られます．ここで，三角関数の加法定理[15] を使っています．$\alpha - \beta$ は 2 つのベクトルの間の角度です．これを θ とすれば，

$$\boldsymbol{a} \cdot \boldsymbol{b} = ab\cos\theta \tag{2.63}$$

と書けることになります[16]．2 つのベクトルが直交している場合，$\theta = \pi/2$ なので $\boldsymbol{a} \cdot \boldsymbol{b} = 0$ となります．

等速円運動の加速度

よくある間違いに，「一定の速さ v で円運動する物体の加速度はゼロだ」というものがあります．速さが一定でも速度の向きが変わるので加速度はゼロではありません．等速円運動の場合の加速度がどうなるかは，図 2.14 を見て下さい．短い時間 Δt の間に物体が A から B まで移動したとします．円に沿う物体の回転角を $\Delta\theta$ とすれば，移動距離は $r\Delta\theta = v\Delta t$ です．このとき，速度ベクトルの先端は P から Q へ移動します．この変化の大きさ $\Delta v = v\Delta\theta$ を Δt で割り，さらに $\Delta\theta = (v/r)\Delta t$ を使えば，加

---

14) 詳しく書くと $\boldsymbol{a} \cdot \boldsymbol{b} = (a_x\boldsymbol{e}_x + a_y\boldsymbol{e}_y) \cdot (b_x\boldsymbol{e}_x + b_y\boldsymbol{e}_y) = a_xb_x\underbrace{\boldsymbol{e}_x \cdot \boldsymbol{e}_x}_{=1} + a_xb_y\underbrace{\boldsymbol{e}_x \cdot \boldsymbol{e}_y}_{=0} + a_yb_x\underbrace{\boldsymbol{e}_y \cdot \boldsymbol{e}_x}_{=0} + a_yb_y\underbrace{\boldsymbol{e}_y \cdot \boldsymbol{e}_y}_{=1} = a_xb_x + a_yb_y$ となります．

15)
$$\sin(\alpha \pm \beta) = \sin\alpha\cos\beta \pm \cos\alpha\sin\beta \tag{2.61}$$
$$\cos(\alpha \pm \beta) = \cos\alpha\cos\beta \mp \sin\alpha\sin\beta \tag{2.62}$$

16) $\cos(\alpha - \beta) = \cos(\beta - \alpha)$ なので，α と β の大小関係によらずにこの式が書けます．一方，$\sin$ の場合は，$\sin(\alpha - \beta) = -\sin(\beta - \alpha)$ となることに注意しておきます．

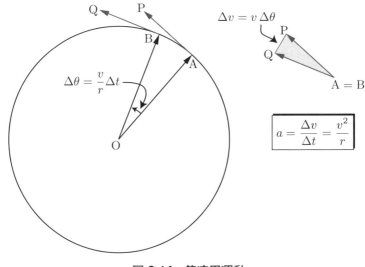

図 2.14 等速円運動

速度の大きさ $a = v^2/r$ が得られます．また，加速度の向きは円軌道の中心を向くため，向心加速度と呼ばれます．

3次元空間のベクトル

3次元空間に置かれた有向線分を表すには，東・北だけではなく，高さを指定する必要があります．つまり，基底が3つ必要です．直交基底 e_x, e_y, e_z を用意すれば，ベクトルは

$$a = a_x e_x + a_y e_y + a_z e_z \tag{2.64}$$

のように書けます．

右手系と左手系

あらためて 3 次元直交座標の基底ベクトル e_x, e_y, e_z を考えましょう．実はこれらの基底について，1 次元，2 次元には現れない 3 次元ならではの問題が発生します．e_x, e_y を直交させたとして，これらのいずれにも直交する e_z の向きに 2 通りあるのです．この様子を図 2.15 に示します．それぞれの選び方に応じて右手系，左手系と呼びます．これらは鏡に映すと互いに映し合いますが，互いに重なることはありません．本書では，右手系を使うことにします．

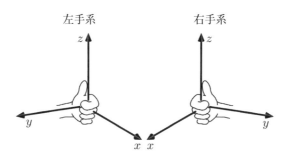

図 2.15　左手系と右手系

外積

右手系とはすなわち，e_x から e_y へ向けて右ネジを回した向きと e_z の向きが一致するということです．このことを

$$e_x \times e_y = e_z \tag{2.65}$$

と書きます．この関係式によって定義される演算 "×" を，ベクトルの外積と呼びます．外積の定義には回転の向きの情報が含まれていました．このことから察しがつくように，外積は回転の記述になくてはならないものです．

　外積は数のかけ算とは全く意味が違うので，読むときは「かける」と読まずに「クロス」と呼びます．外積の定義には，回転の向きが含まれていることが本質的です．実際，e_y から e_x へ向けて右ネジを回した向きは $-e_z$ の向きと一致します．つまり

$$e_x \times e_y = -e_y \times e_x = e_z \tag{2.66}$$

同様にして

$$e_x \times e_y = e_z, \quad e_y \times e_z = e_x, \quad e_z \times e_x = e_y \tag{2.67}$$

です．ここで，(2.67) で添字が $x \to y \to z \to x$ と循環的に現れていることに注意しましょう．同様に (2.66) の関係は

$$e_y \times e_x = -e_z, \quad e_z \times e_y = -e_x, \quad e_x \times e_z = -e_y \tag{2.68}$$

となります．

　次に，3 次元空間の 2 つのベクトル a, b を

$$a = a_x e_x + a_y e_y + a_z e_z \tag{2.69}$$
$$b = b_x e_x + b_y e_y + b_z e_z \tag{2.70}$$

と表現しましょう．上の定義に素直に従うと a, b の外積は

$$a \times b = (a_y b_z - a_z b_y)e_x + (a_z b_x - a_x b_z)e_y + (a_x b_y - a_y b_x)e_z \tag{2.71}$$

となります．

　a, b のなす角を θ とします．ただし θ は $0 \leq \theta < 2\pi$ であるとします．このとき，外積 $a \times b$ の大きさ $|a \times b|$ は

$$|a \times b| = ab\sin\theta \tag{2.72}$$

です．$\theta = 0$ なら a と b は平行，$\theta = \pi$ なら a と b は逆向き（反平行）です．これらの場合，外積の大きさはゼロ，つまり $a \times b = 0$ です．

$$a, b が平行・反平行なら a \times b = 0 \qquad (2.73)$$

　内積がスカラーであるのに対し，外積はベクトルです．また，その成分は (2.71) で決まります．はじめはとっつきにくく難しく感じるかもしれません．実際，外積が出てくるとどうも...，という声をよく聞きます．外積の基本は，基底の関係 (2.66)，(2.67) です．逆に，この関係さえ飲み込めば，(2.71) は自動的に導けます．この点に注意して，是非外積に慣れて下さい．

　本章では，物理で使う数学のうち最も基本的で重要な関数，微分積分，ベクトルについて学びました．もちろん，この先もまだ新しい数学が出てきますが，本章の内容を踏まえてその都度身に着けていけば十分です．

3 | 力と運動

岸根順一郎

《**目標＆ポイント**》　物体に力が働くと加速度が発生します．これが力学の基本原理です．このことを数学の言葉で法則化したものが運動方程式です．では力とは何でしょうか．基本的な力にはどのような種類があるでしょうか．身近な現象を支配する力は何でしょうか．テーマパークの仮想宇宙旅行装置はどんな仕組みで，そこに物理の法則がどう生かされているのでしょうか．

《**キーワード**》　運動方程式，運動量，運動量保存則，重力，静電気力，摩擦力，抗力

3.1　運動量を変えるのが力

力と運動

ニュートンがプリンキピアで表明した最も重要な法則は，

$$\boxed{物体に力が作用すると加速度が生じる} \tag{3.1}$$

というものです．力学の目的は，この法則の内容を具体的な例に即して理解することです．

直線道路を一定の速度で走る車を考えましょう．この運動を等速直線運動（等速度運動）といいます．速度が一定ということは，加速度はゼロです．ということは力はゼロです．ところが，車には路面とタイヤの間の摩擦が働きます．そもそも摩擦がなければタイヤが滑ってしまって車は進めません．さらに空気抵抗も働くでしょう．車体には重力が働き，さらに路面はタイヤに抗力を及ぼします．力がゼロというのはありえない話です．ここで注意すべきは，いくつかの力が働くが，それらが打ち

消し合って結果的にゼロになっているということです．これを合力がゼロであるといいます．合力がゼロであることをつり合いの状態ともいいます．等速直線運動には，速度ゼロ，つまり静止状態も含まれます．つり合いのバランスが崩れると合力がゼロではなくなり，物体には加速度が生じます．車が加速している間，車に働く合力はゼロではありません．

　次に，高度を保って一定速度で巡航する飛行機を考えましょう．飛行機には，重力，翼に作用する揚力，ジェットエンジンの推進力，空気抵抗が作用します．やはりこれらの力の合力がゼロになって，一定速度が実現しています．

　3つ目の例として，広大な宇宙空間に浮かぶ物体をはじく様子を思い浮かべましょう．はじかれた物体は一定の速度で直線運動（等速直線運動）します．物体には，正真正銘何の力も働きません．このように，（合力がゼロなのではなく）力が全く働かなくとも，等速直線運動するわけです．これが慣性の法則です．

　以上，3つの例はすべて等速直線運動ですが，合力がゼロの場合と力が全く作用しない場合があるわけです．等速直線運動しているからには力が働かないはずだ，と早合点するのは間違いです．力と運動の関係を正しく捉えるには，物体にどのような力が作用し，その合力がどうなるのかを把握する必要があります．

　身近な運動の例をもう少しみてみましょう．風船に空気を入れて膨らませておき，そのあとで口を開放します．すると風船は空気を噴き出し，加速されます．また，ロケットはガスを噴射しながら加速します．これらの運動では，外から誰かが力を加えているでしょうか．誰も風船やロケットに触っていません．この運動は，自動車や飛行機の運動とどう違うのでしょう．答えは，これらの運動では風船やロケットが自分の質量の一部を後方に吐き出しているということです．分裂して片割れを突き

放すことで前方に加速されるのです．この問題は，風船本体と吐き出される空気の塊，あるいはロケット本体と吐き出されるガスの塊をそれぞれ別々の物体とみなし，これらの間の相互作用を考える必要があります．自動車や飛行機は 1 つの物体に力が働く問題なので，一体問題といいます．それに対し，風船とロケットの場合は二体問題になります．

　こうなると，同じように見える運動にもいくつかの種類があることがわかります．これでは運動の分類が大変そうです．しかし心配は不要です．これらすべての場合を，たった 1 つの基本法則でカバーしてくれるのが**運動方程式**なのです．

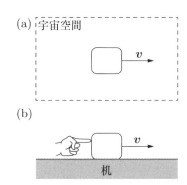

図 3.1　(a) 宇宙空間での等速直線運動と，(b) 机の上の等速直線運動.

運動物体を主体に

　私たちは自分主体で現象を認知しがちです．机上の物体を「手で押している」以上，「手が力を加え続けている」のは確かです．しかし「物体に力が加わり続けている」と考えるのは間違いです．すでに述べたように，物体の立場でみれば，手からの力と摩擦力が打ち消し合い，正味の力はちょうどゼロになっているのです．宇宙空間の物体も，机の上の物体も，等速直線運動するからには物体に作用する力はゼロであるというのが正しい捉え方です．力と運動の関係を正しく捉えるには，運動物体を主体に考える習慣が大切です．

　古来，動きを正しく捉えることは一筋縄ではいきませんでした．動きの原因が何かという問題は，古代ギリシャのプラトン，アリストテレス，

そして中世のビュリダンを経て，約2000年間にわたって脈々と混乱を引き起こしてきました．この混乱は，ガリレオが測定と数学に基づくアプローチを開拓したことで一挙に晴れます．そして，これを受け継いだニュートンによって，ついに簡潔な答えが整備されました．そのためには，運動を記述する最も基本的な量が何かを見極める必要があります．その量が運動量です．

運動量の発見

運動を正しく捉えるには，どんな量が運動の本質なのかを見抜く必要があります．その答えが**運動量**です．運動量の発見が力学建設の突破口だったといえます．運動量が運動の基本量であることに気づいたのはニュートンが最初というわけではありませんが，その重要さを明言して自然法則の中に組み入れたのはやはりニュートンの功績です．

ニュートンは，プリンキピアの冒頭で物質の量（質量），運動の量（運動量），力といった基本概念の定義を述べています．なかでも重要なのが運動の量（運動量）です．今日的な書き方をすれば，物体の速度 v と質量 m の積として

$$\boldsymbol{p} = m\boldsymbol{v} \tag{3.2}$$

と定義される量が運動量です．この定義は，

運動量 $\boldsymbol{p}$ は速度 $\boldsymbol{v}$ に比例する．その比例係数を質量 m と呼ぶ．

と読むのが正確です．速度は大きさ（速さ）と向きをもちますからベクトルです．そのため，太字 $\boldsymbol{v}$ で表しています．速度は時間と位置の変化から測定可能です．では，質量とは何でしょうか．この段階では，上記の比例係数以上のことはいえません．この後，運動方程式を通して，質量が力と結びつきます．その結果，質量は測定可能な量となります．こ

こで重要な注意をしておきます．物理量を表す文字 (m や v) を見たら，それが実験で測定可能かどうか，可能ならどう測定するのかをいつも意識する必要があります．測定できない量を使って式を書いても，その式が正しいかどうか検証不能です．検証不能なものを自然法則として安心して使うことはできません [1].

運動量の変化

　ニュートンがプリンキピアで表明した答えを簡潔にまとめると，物体に作用する力がゼロでないと，運動量が変化する，となります．作用する力がゼロでない，とは複数の力が打ち消し合って結果的にゼロになっている場合を含みます．言い換えれば，物体に作用する力がゼロならば運動量は変化しない，あるいは，運動量が変化したということは，物体に力が作用した，ということです．さらに，運動量を変化させる原因が力である，といえます．この，運動量変化の原因としての力という捉え方こそが，ニュートン力学の出発点になります．

　ベクトルは大きさと向きをもつため，大きさと向きのいずれかが変わっただけで運動量は変化したことになります．簡単な直線運動（1次元運動）から始めましょう．この場合，運動量の向きは変わりません．時間を追って運動量ベクトルがどう変化するのかを描いてみましょう．物体を点とみなし，時間とともに動く点の位置を始点として，運動量ベクトルの変化を描いてみましょう．このとき

のように運動量の大きさが変わらなければ物体には力が作用していないということです．これが等速直線運動です．

---

1)　ただ，たとえ検証不能でも，今後の実験技術の進歩や着眼点の転換により，やがて可能になるかもしれません．ですから，信用できないと切り捨てることもできません．むしろ，この点が物理学の発展を促すこともあるのです．

のように運動量の大きさがどんどん増加していれば，進行方向に力が加わり続けていることを意味します．

　次に，運動量ベクトルの大きさは変わらず向きが変わる運動を考えましょう．円周コースを一定スピード[2]で走る車を考えましょう．運動量の向きが

のように時々刻々変化するはずです．この場合も，運動量はしっかり変化しますので，車には力が作用していることになります．この力の向きはどちらを向いているでしょう．それを知るには，時刻 t での運動量ベクトル $\boldsymbol{p}(t)$ と，時刻 $t + \Delta t$ での運動量ベクトル $\boldsymbol{p}(t + \Delta t)$ を

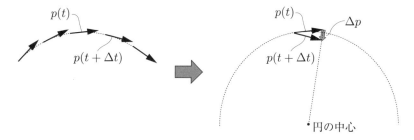

のように比較すれば，その情報が得られます．第2章でみたように，$\Delta t \to 0$ の極限をとれば，瞬間的な力の向きがわかります．結果，運動量ベクトルの変化 $\Delta \boldsymbol{p}$（時刻 t と直後 $t + \Delta t$ での差）が，円の中心を向いていることが見てとれるでしょう[3]．これは，車に円の中心に向かう力（向心力）が働いていることを意味します．ここでは，運動量を表すベクトルが時間とともに変化する，という見方が現れました．ベクトルが時間

---

2)　速度 $\boldsymbol{v}$ はベクトルです．その大きさ $|\boldsymbol{v}|$ を速さまたはスピードというのでした．
3)　ベクトルの差については第2章参照.

の関数になっているわけです．この後，この関数を時間で微分するという考え方がでてきます．微分とベクトルが結びつきます．徐々に慣れていきましょう．

　運動量は (3.2) です．物体の質量が変わらないとすると，運動量変化は速度変化と結びつきます．つまり，

$$\Delta \boldsymbol{p} = m \, \Delta \boldsymbol{v} \tag{3.3}$$

と書くことができます．ただし，落下しながら周囲の水滴を取り込んで重くなっていく雨粒のように，質量が変化する物体の場合は，このようには書けません．以下では，特に断らない限り，質量は変化しないものとします．

運動方程式

　物体の運動量が変化するということがどういうことかがわかったと思いますので，いよいよニュートンの運動法則に進みましょう．時間 Δt の間に運動量が $\Delta \boldsymbol{p}$ だけ変化したとします．$\Delta \boldsymbol{p}$ は時間幅 Δt によるはずですが，どの程度の勢いで変化するか，その尺度が力 $\boldsymbol{f}$ です．式で書けば

$$\Delta \boldsymbol{p} = \boldsymbol{f} \, \Delta t \tag{3.4}$$

です．これがニュートンの運動法則です．$\Delta \boldsymbol{p}$ と Δt は測定可能ですから，この関係を通して力 $\boldsymbol{f}$ が決まります．ニュートンは，プリンキピアの中でこの式を「運動の量の変化は加えられた力に比例し，かつその力が働いた直線の方向に沿って行われる」と言葉だけで述べています．

　(3.4) の両辺を Δt で割ると

$$\frac{\Delta \boldsymbol{p}}{\Delta t} = \boldsymbol{f} \tag{3.5}$$

と書けます．運動量は変化しうる量ですから，$\Delta t \to 0$ の極限をとると $\Delta p / \Delta t$ が導関数 dp/dt に置き換えられ，

$$\boxed{\frac{dp}{dt} = f} \tag{3.6}$$

となります．これが古典力学で最も重要な法則，運動方程式です．ニュートンの第 2 法則とも呼ばれます．力 f が一定の場合，(3.5) と (3.6) を区別する必要はありません．しかし，力は時々刻々変化すると考えるのが一般的です．この場合は (3.6) を使わなければなりません．

　質量が変化しない場合の関係は，(3.3) より

$$m\frac{dv}{dt} = f \tag{3.7}$$

です．dv/dt は加速度ベクトル a の定義そのものです．ですから (3.7) を

$$ma = f \tag{3.8}$$

と書くことができます．

　運動方程式の表し方に何通りもあって紛らわしいと感じるかもしれません．物理では，基本法則が異なる数式で表されて混乱することがよくあります．そのような場合，「いついかなる場合でも成り立つ基本的な表し方は何か」を押さえることが重要です．運動方程式として最も基本的で，いつでも正しい式は (3.6) です．質量が変化しないなら (3.7) と書けます．(3.7) と (3.8) は全く同じ式です（dv/dt を a と書き換えただけなので）．

運動の分解

　(3.7) に表れた dv/dt は速度の変化率ですから加速度です．物体を点 P とみなし，それが平面上を運動（2 次元運動）する場合を考えます．平面

上に原点 O をとり，O から P に伸
ばしたベクトル $\overrightarrow{\mathrm{OP}}$ を P の位置ベク
トルといい，$\boldsymbol{r}$ と表すのが一般的で
す [4]．点 P の位置座標を $(x,\ y)$ と
し，座標値を成分として

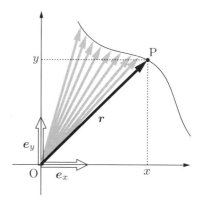

$$\boldsymbol{r} = x\boldsymbol{e}_x + y\boldsymbol{e}_y \qquad (3.9)$$

と書くことができます（2.4 節参照）．
図 3.2 のように物体が動き回るとき，
時々刻々の OP の長さを動径（ra-
dius）といいます．動く半径という

図 3.2　物体が動くと位置ベクトル
の先端が動く．

意味合いです．この場合，<u>基底は不動</u> [5] ですが座標 $\mathrm{P}(x,\ y)$ は時々刻々
変化する時間の関数になります．つまり $\mathrm{P}(x(t),\ y(t))$ であり，

$$\boldsymbol{r}(t) = x(t)\boldsymbol{e}_x + y(t)\boldsymbol{e}_y \qquad (3.10)$$

すると速度は

$$\boldsymbol{v}(t) = \frac{d\boldsymbol{r}}{dt} = \frac{dx}{dt}\boldsymbol{e}_x + \frac{dy}{dt}\boldsymbol{e}_y = v_x\boldsymbol{e}_x + v_y\boldsymbol{e}_y \qquad (3.11)$$

となります．このように，位置，速度，そして加速度も直交基底 $\boldsymbol{e}_x,\ \boldsymbol{e}_y$
に沿う成分に分解できます．

　力も

$$\boldsymbol{f} = f_x\boldsymbol{e}_x + f_y\boldsymbol{e}_y \qquad (3.12)$$

と表せますから，運動方程式 (3.8) は

$$m\frac{d^2x}{dt^2} = f_x, \qquad m\frac{d^2y}{dt^2} = f_y \qquad (3.13)$$

のように成分に分解して書くことができます．

　地表で投げ上げた物体の場合，真下（鉛直下方）に向けて重力が働き

---

4)　もちろんそう決まっているわけではありません．x もよく使われます．その場
合，成分の x と位置ベクトルとしての $\boldsymbol{x}$ を混同しないように注意が必要です．
5)　東・北が不動であるようにとる．

ますが，水平方向には力が作用しません（空気抵抗は無視）．この場合，鉛直成分は等加速度運動，水平成分は等速直線運動となります．このように，位置，速度，加速度，力がすべて成分に分解でき，それぞれの成分ごとに運動方程式を立てることができます．この運動の分解という考え方もまた，ガリレオが成し遂げた大発見のひとつです．

慣性の法則

運動方程式 (3.6) より，力がゼロ（$\boldsymbol{f} = \boldsymbol{0}$）[6] なら

$$\frac{d\boldsymbol{p}}{dt} = \boldsymbol{0} \tag{3.14}$$

です．これは運動量が時間変化しないということです．質量が変化しない物体の場合，

$$\text{力がゼロ} \implies \boldsymbol{v} = \text{一定} \tag{3.15}$$

といっても同じことです．速度一定の運動には，速度がゼロ，つまり静止状態も含みます．ここから，

$$\text{物体に働く力がゼロなら等速度運動（静止を含む）} \tag{3.16}$$

ということになります．これが慣性の法則です．こう説明すると，慣性の法則は運動方程式から自然に導けるように聞こえるかもしれません．しかし注意が必要です．実は，(3.16) が成り立つような座標系が確かに存在することを保証しておかなくてはなりません．そのような系を慣性系といいます．例えば，加速するエレベーター内は慣性系ではありません（非慣性系）．「自然界に確かに慣性系が存在する」というただし書きをつけたうえで初めて，慣性系で成り立つ (3.16) を主張できるわけです．これをニュートンの第1法則と呼びます．この法則は，慣性系の存在を宣言するものと解釈すべきものです．

---

6) 大きさゼロのベクトルをゼロベクトルといい，$\boldsymbol{0}$ と書きます．$\boldsymbol{f} = \boldsymbol{0}$ とは，$\boldsymbol{f} = 0\boldsymbol{e}_x + 0\boldsymbol{e}_y$ を意味します．

3.2　相互作用と運動量保存：最も基本的な保存則

ここまでは力が何なのかには踏み込まず，ただ「運動量を変化させる原因」として済ませました．力の起源を探りましょう．

基本的な相互作用

20 世紀前半に，原子は電子と原子核からなり，原子核は陽子と中性子から構成されることが明らかになりました．電子はそれ以上分割できない基本粒子（素粒子）ですが，陽子と中性子はさらにクォークと呼ばれる基本粒子 3 個からなる複合粒子です．しかし，3 つのクォークは，陽子，中性子内部に固く閉じ込められていて，単体で飛び出すことはありません．このため，実質的には陽子や中性子を基本粒子とみなして差し支えありません．

ここに登場した基本粒子はすべて，生まれながらにして質量と電荷という属性をもっています．物質はすべてこれらの基本粒子からできているので，物質全体も質量や電荷をもつことになります．電荷には正と負の 2 種類があります．単体の原子は同じ個数の陽子と電子をもち，正と負の電荷は打ち消し合って中性になっています．原子から電子が剥ぎ取られたり，あるいは余分な電子が付け加えられたりすると，原子はイオンになります．物質が全体として電荷を帯びている場合，このように電荷のバランスが少し崩れているわけです．

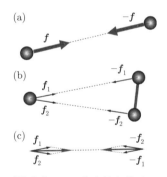

図 3.3　(a) 基本的な粒子の間の相互作用は，作用反作用の法則を満たす．(b) 1 つの粒子と，2 つの粒子が結合した物体の間の相互作用についても，(c) のように合力は作用反作用の関係を満たす．

　質量と電荷という属性が示す最も重要な働きが，質量と質量，電荷と電荷の間に**相互作用**が生じることです．質量と質量の間の相互作用が**万有引力**，電荷と電荷の間の相互作用が**静電気力（クーロン力）**です．私たちの身のまわりの現象は，この2つの基本的な力によって引き起こされます[7]．そして，図 3.3(a) に示すように，質量および電荷の間に働く相互作用のペアは，必ず大きさが同じで向きが反対です．これが作用反作用の法則です．

　例えば図 3.3(b) のように，1つの粒子と，2つの粒子が結合した物体の間の相互作用を考えましょう．各々の粒子の間に働く相互作用は作用反作用の関係を満たしています．各々の力の始点をそろえて合成すれば，確かにこれら2つの物体間の合力も作用反作用の関係を満たすことがわかるでしょう（図 3.3(c)）．これがもっとたくさんの粒子からなる物体間でも成り立つことは納得できると思います．

変化しない量を探せ

　私たちが身のまわりの運動を捉えようとするとき，まずは時間とともに物体の位置がどう変化するかを追いかけようとします．これまで，運動方程式を使って典型的な運動を解析してみました．そこでの（ひとまずの）目標も，運動方程式を力と加速度の関係を求める道具として使い，物体（粒子）の運動を時々刻々追跡することでした．変化の追跡という捉え方は，運動を捉える最も素直な視点といえるでしょう．

　ここで視点を変えてみましょう．「変化の中に，持続する何かが潜んでいないだろうか」という視点です．物理では，時間が経過しても変化しない量が現れた場合，これを**保存量**と呼びます．特に保存量が威力を発揮するのは，2個以上の物体（粒子）が相互作用して絡み合う運動です．

---

[7]　素粒子間に働く基本的な力には，万有引力，クーロン力の他に，弱い相互作用と核力（強い相互作用）という2種類の力があります．しかし，これらは原子核内部の極めて短い距離でしか効きません（弱い相互作用の場合 10^{-18} m 程度，核力の場合 10^{-15} m 程度の影響範囲）．このため，日常スケールの現象には顔を出しません．これに対し，万有引力とクーロン力の影響範囲は無限大です．

例えば，何千個もの星からなる天体の運動です．さらに極端に多数の粒子が関与する例が，膨大な数の分子からなる気体のようなマクロなシステムの挙動です．こうしたシステムでは，個別の粒子運動を追跡することはもはや不可能です．このような場合，複雑な運動の背後に潜む保存量を見つけ出し，これを頼りに理論をつくり上げていきます．保存量は，自然現象の複雑さを読み解く鍵なのです．

　実は，ニュートンの運動法則そのものに保存量が潜んでいます．変化の追跡と保存量の発掘という 2 つの見方をとることで初めて，ニュートンの法則の真の豊かな意味が浮き彫りになるのです．また，あとでふれるように，保存量の背後にはさらに，時間と空間の**対称性**が潜んでいます．

運動量保存則

　ニュートンの第 2 法則と第 3 法則から直ちに導かれるのが**運動量保存則**です．図 3.4 のように 2 つの粒子 1，2 が近づいてきて互いに力を及ぼし合い，再び去っていく運動を考えましょう．まず，粒子 1 と 2 の運動方程式を別々に立てます．粒子 1 の運動量を p_1，粒子 2 が粒子 1 に及ぼす力を $f_{1 \leftarrow 2}$ と書けば，粒子 1 の運動方程式は

$$\frac{dp_1}{dt} = f_{1 \leftarrow 2} \tag{3.17}$$

です．同様に，粒子 1 が粒子 2 に及ぼす力を $f_{2 \leftarrow 1}$ と書けば，粒子 2 の運動方程式は

$$\frac{dp_2}{dt} = f_{2 \leftarrow 1} \tag{3.18}$$

と書けます．

　具体的な力としては，例えば粒子が正の電荷を帯びていて，互いの間にクーロン斥力が働いている場合を思い浮かべてもよいし，ビリヤードの玉が接触して互いに抗力を及ぼし合っている様子を思い浮かべてもよ

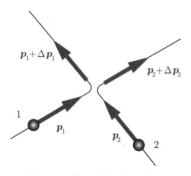

図 3.4　粒子間の相互作用

いでしょう．ここで重要なことは，力の具体的な内容は本質的ではない
ということです．本質的なのは，力の種類がなんであれ，$\boldsymbol{f}_{1\leftarrow2}$ と $\boldsymbol{f}_{2\leftarrow1}$
は作用反作用の法則で結ばれている，つまり

$$\boldsymbol{f}_{1\leftarrow2} = -\boldsymbol{f}_{2\leftarrow1} \tag{3.19}$$

が成立するということです．(3.17), (3.18) を辺々足し合わせ，(3.19)
の関係を使い，さらに両辺に dt をかけることで，

$$d\boldsymbol{p}_1 + d\boldsymbol{p}_2 = 0 \tag{3.20}$$

という関係が得られます．つまり，運動量の変化の和は必ずゼロなので
す．変化の和がゼロであるということは，「同じ時間内での粒子 1 の運動
量変化を，粒子 2 の運動量変化が必ず打ち消してくれる」ということで
す．これより，2 粒子間の相互作用だけで運動が起きている場合，運動
量の和（全運動量）は必ず一定，つまり

$$\boldsymbol{p}_1 + \boldsymbol{p}_2 = 一定 \tag{3.21}$$

であるということです．これが運動量保存則です．ここで，粒子 1, 2 の
運動量が個別に保存しないことは明らかです．あくまで全運動量が保存

することに注意しましょう.

　運動量保存則は, ニュートンの運動方程式が使えなくなるような場合にも守られます. 例えば光速に近い粒子の運動は特殊相対性理論によって記述されます. また, 電子や原子核といった極めて軽い粒子がミクロな世界で繰り広げる現象を記述する量子力学の世界でも然りです. 運動量保存則が破られるような現象は, これまで一切見つかっていません. 物理学において絶対に守られる基本法則なのです.

ニュートンの 3 法則

　作用反作用の法則は, ニュートンがプリンキピアで運動の第 3 法則として据えたものです. 原子の存在すら知られていなかったニュートンの時代にあって, 素粒子間の基本的相互作用が備えている性質を予見するかのように基本法則に据えたのはニュートンの慧眼です. この段階で, ニュートンの 3 法則がすべて出そろいました. その内容をあらためてまとめておきます.

ニュートンの 3 法則

第 1 法則：物体に力が作用しなければ, 物体は静止あるいは等速直線運動を維持する. そして, こう言い切れる系（慣性系）が確かに存在する.
第 2 法則：物体に力が作用すると, 物体の運動量が変化する. その変化の法則は式 (3.6) で表される.
第 3 法則：物体 A に力を及ぼしている物体 B に対し, 物体 A もまた力を及ぼす. つまり, 2 つの物体は必ず相互作用する. 相互作用は大きさが同じで向きが反対である.

3.3 身近な現象を支配する万有引力と静電気力

万有引力

ニュートンは，質量をもつ2物体間に「それぞれの質量の積に比例し，距離の2乗に反比例する大きさをもつ力」が働くことを見出します．これが万有引力の法則です．万有引力は，2物体を結ぶ直線に沿って働きます（図3.5）．重要なことは，地球とりんごであろうが地球と月であろ

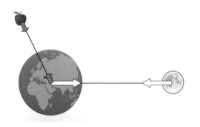

図 3.5 地球と月の間にも，地球とりんごの間にも万有引力が働く．万有引力定数は共通である．

うがお構いなく，質量 M と質量 m の2物体間にあまねく働く引力が存在する，ということです．万有引力の大きさは

$$G\frac{Mm}{r^2} \tag{3.22}$$

r は2物体間の距離です．比例定数 G は万有引力定数と呼ばれますが，この定数は，宇宙のどこに置いた，いかなる2物体に対しても共通の，普遍的な値

$$G = 6.67 \times 10^{-11} \ \mathrm{N \cdot m^2 \cdot kg^{-2}} \tag{3.23}$$

をとります．このような定数は**普遍定数**と呼ばれます．もしこの値が物体の種類によって変わるようならば，普遍でも万有でもありません．G の共通性・普遍性が本質です．

私たちが単に地上の物体に働く重力といった場合，それは物体と地球との間に働く万有引力を意味します．m を物体の質量，M を地球の質量とみなせばよいわけです．さらに，地球を半径 R の一様な球体である

とし，地球の質量を地球の中心に集中させます[8]．$M = 6.0 \times 10^{24}$ kg，
$R = 6.4 \times 10^6$ m，および G は定まった値ですから，

$$g = G\frac{M}{R^2} = 9.8 \text{ m} \cdot \text{s}^{-2} \tag{3.24}$$

という量をつくっておけば，地表の物体に働く重力の大きさを mg と書くことができます．g を**重力加速度**といいます．g は実験的に測定可能ですから，さらに地球の半径がわかれば，関係式 (3.24) を使って地球の質量を"求める"ことができます．実際，地球や惑星の質量は万有引力の法則を経由して算出されるのです．あらためて，万有引力定数 G が普遍定数であることの威力を感じることができるでしょう．ニュートンの法則は，実験観測に基づいて帰納的に見出されたものでありながら，そこから演えきして触れることのできない天体の質量をも言い当てる能力をもっているのです．

質量について

ここまで質量 m について深入りしませんでした．少しコメントしておきます．質量は運動方程式 $m\boldsymbol{a} = \boldsymbol{f}$ によって定義されるのだと考えることができます．この場合の m は力と加速度の比例関係を表す比例係数で，加速の生じにくさ，つまり**慣性**を表す量であると読めます．こうして定義される質量を**慣性質量**と呼びます．一方，万有引力の法則に現れる質量を**重力質量**と呼びます．ガリレイが発見した「重力加速度が物体によらず一定である」という落体の法則は，これら 2 種類の質量が同一であるという経験法則を述べたものです．重力質量と慣性質量の等価性は，ニュートン力学の立場ではあくまでも経験法則ですが，アインシュタインの一般相対性理論ではこれを原理（等価原理）として出発します．

では質量の起源は何でしょうか．現代の素粒子論によれば，質量の起

---

[8] 大きさのある物体からの万有引力は，物体の重心に全質量を集中させた点状粒子（質点）による万有引力で置き換えることができます．この性質は，万有引力が距離の 2 乗に反比例する力であるために保証され，厳密に証明することができます．ニュートン自身，プリンキピアの中でこの性質を証明しています．

源は 2 つあります. ほとんど (99%) の質量は強い相互作用 (QCD) に起因し, 残りがヒッグス粒子に起因することが知られています. ヒッグス粒子に関しては,「質量の起源の理解につながる機構の発見」に対して, 2013 年のノーベル物理学賞がヒッグスとアングレールに贈られています.

静電気力 [9]

静電気力は万有引力とよく似ています. 電荷をもつ物体間に, それぞれの電荷 (電気量) の積に比例し, 距離の 2 乗に反比例する大きさ

$$k\frac{Qq}{r^2} \tag{3.25}$$

をもつ力が作用します. Q, q が各物体の電荷, r は両者の間の距離です. 電荷は C (クーロン) を単位として測りますが, すでに述べたように正負の符号をもちます. 負電荷の起源は電子, 静電荷の起源は陽子です. 電子と陽子の電荷の大きさは同じで,

$$e = 1.6 \times 10^{-19} \text{ C} \tag{3.26}$$

です. これを**電気素量**と呼びます.

比例定数 k はクーロン力の定数と呼ばれます. この定数も, 真空中であれば宇宙のどこでも普遍的な値

$$k = 8.9876 \times 10^9 \text{ N} \cdot \text{m}^2 \cdot \text{C}^{-2} \tag{3.27}$$

をとります. 万有引力と電気力を比べると, 係数 G と k の大きさが圧倒的に (20 桁も) 違うことに気づきます. つまり, 万有引力は電気力に比べてはるかに弱いのです. 例えば, 原子核と電子の間に作用する万有引力 F_G とクーロン力 F_C を比較しましょう. すると

---

9)　静電気力については第 8 章でより詳しく述べる.

$$F_{\rm C}/F_{\rm G} = \frac{ke^2}{Gm_{\rm p}m_{\rm e}} = 2.3 \times 10^{39} \tag{3.28}$$

という大変な数字になります [10]．　この事実は，物質を構成する力，身のまわりの現象を支配する力がクーロン力であることを示唆しています．例えば，私たちが万有引力によって互いに引っ張り合ってくっついてしまうことはありえません．万有引力に比べて摩擦力がはるかに強いからです．ちなみに摩擦力の起源ももちろんクーロン力です．ただし，地球が私たちを引きつける重力は例外です．地球があまりにも重いからです．私たちの暮らしに重力が効くのは，相手が地球である場合のみということになります．

3.4　クーロン力が生み出す現象論的な力

現象論的な力とは

　話を身のまわりの自然現象に限定しましょう．物体には必ず地球との万有引力（重力）が作用します．それ以外は すべて [11] 静電気力（クーロン力）を 起源 とする力です．静電気力がそのまま素直に働けば，距離の 2 乗に反比例するはずです．しかし，静電気力は引力にも斥力にもなります．しかも静電気力は強い．強い静電気力が押したり引いたりを重ね，ミクロな化学結合の力やマクロな糸の張力，垂直抗力，空気抵抗，摩擦力といった，いわゆる現象論的な力を生み出します．これらの力の起源がクーロン力であることははっきりしています．しかし，あまりに複雑な重なり方を，素粒子間の相互作用にまで分解することは不可能です．そこで，起きている現象から逆に「このような力が働いているはずだ」と判断するのです．現象論的とはそういう意味です．以下にみるように，現象論的な力は身のまわりの物理現象にとって支配的です．

---

10)　$m_{\rm p} = 1.67 \times 10^{-27}$ kg は陽子の質量，$m_{\rm e} = 9.1 \times 10^{-31}$ kg は電子の質量.
11)　地表の物体どうし，例えば隣に立っている人と自分との間にも万有引力が働きますが，あまりにも弱く運動には一切影響しないと考えて問題ありません.

張力

　糸の先に物体を取りつけてぶら下げま
す．この様子を，原子のスケールで眺めた
らどうなるでしょうか．図 3.6 (a) にその
概念図を示します．糸も物体も膨大な数の
原子から成り立っています．糸と物体を構
成する原子間は，静電気力を起源とする結
合力のために結束して，1 つの物体を形成
しています．そして，糸と物体の接合部の
原子間にも結合力が働きます．この結合力
が糸の張力の起源です [12]．このような力
は，原子間の静電気力が複雑に入り組み，

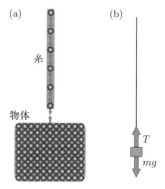

図 3.6　(a) 糸の張力の原子
論的なイメージと (b) マクロ
な捉え方．

重なり合ってマクロなスケールで表出したものです．これを基本的なクー
ロンの法則 (3.25) にさかのぼって理解することは極めて困難です．そこ
で図 3.6 (b) のように，マクロな見方で妥協することにします．糸にぶら
下げた物体が静止しているということは，物体に作用する重力 mg と釣
り合うような張力 T が作用して，$T = mg$ となっているはずです．そこ
で，目の前の現象を素直に記述できるように，張力のミクロな起源には
立ち入らずに張力という概念を導入するわけです．

バネの復元力

　図 3.7 (a) のように，バネが及ぼす力も静電気力を起源とする現象論的
な力として扱われます．バネには本来の長さ（自然長）があります．自
然長から伸びたり縮んだりすると，物体には自然長からのずれ（これを
変位と呼びます）に比例し，自然長の位置に向かって戻ろうとする力

---

12)　実際にはボンドで貼り付けられているかもしれませんし，単に糸が物体に巻き
付いている場合もあるでしょう．　しかし，図 3.6 (a) のイメージで本質はつかめま
す．

$$F = -kx \qquad (3.29)$$

が働きます．比例定数 k をバネ定数と呼びます．(3.29) をフックの法則と呼びます．図 3.7 (b) はフック自身が描いたバネの絵です．

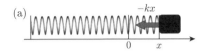

ばねの復元力を受けて 1 次元運動する物体の運動方程式は

$$m\frac{d^2x}{dt^2} = -kx \qquad (3.30)$$

です．両辺を m で割り，$\omega = \sqrt{k/m}$ とおきます．これを**角振動数**と呼びます．角振動数の次元は T^{-1} です．すると (3.30) は

$$\frac{d^2x}{dt^2} = -\omega^2 x \qquad (3.31)$$

となり，第 2 章で学んだ単振動の方

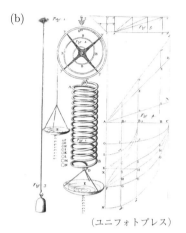

(ユニフォトプレス)

図 3.7 (a) バネの復元力は自然長からの変位に比例する．(b) フックが描いたバネの絵．

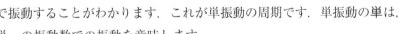

程式 (2.52) になります．この一般解が (2.51) で与えられることはすでにみたとおりです．結果，物体は周期

$$T = \frac{2\pi}{\omega} = 2\pi\sqrt{\frac{m}{k}} \qquad (3.32)$$

で振動することがわかります．これが単振動の周期です．単振動の単は，単一の振動数での振動を意味します．

抗力と摩擦力

張力やバネの復元力よりももっと捉えにくいのが**摩擦**と**垂直抗力**です．図 3.8 に，机の上に置かれた物体が受ける力の様子を示します．原子のス

ケールに立ち入ると，机の表面も物体の表面も，実は原子分布が凸凹分布している様子が見えてくるはずです．すると，互いの凸部分は極めて接近することになります．実は，原子は互いにめり込むほど（約 10^{-10} m 程度）に接近すると，強い反発力を及ぼし合います．もちろん，その起源も静電気力です [13]．机の上に置かれた物体が机の内部にめり込んでいかないのは，この反発力のおかげです．さらに物体が静止しているということは，この力は接触面に垂直な向きに働いているはずです．そこでこの力を**垂直抗力**と呼びます．

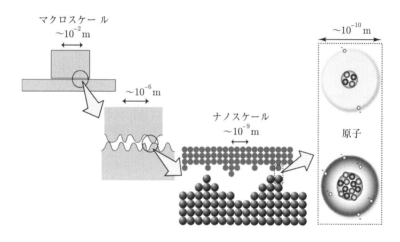

図 3.8　机と物体の接触面に働く力のイメージ

　摩擦力はもっと複雑です．原子どうしが 10^{-10} m，つまり原子自身の大きさの数倍程度の距離だけ離れると，原子間にわずかな引力が働く距離の領域が現れます．このため，物体を接触面に対してずらそうとすると凸部分で接触していた原子間にはわずかな引力が働きます．この引力を引きちぎるために必要な力が**最大静止摩擦力**です．

---

13)　ここには，量子力学的な効果（パウリの原理と呼ばれる）も効いています．

　図 3.9 に，床に物体を置いて力
F で引いた場合に，物体に作用す
る摩擦力 R がどう変化するかを示
します．最大静止摩擦力 R は垂直
抗力 N に比例し，

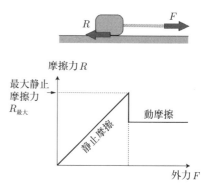

$$R = \mu N \qquad (3.33)$$

が成り立ちます．μ を静止摩擦係
数と呼び，接触する表面の性質に
よって決まります．垂直抗力も摩
擦力も，ともに表面の原子間に作

図 3.9　床に物体を置いて力 F で引い
た場合に，物体に作用する摩擦力 R

用する静電気力を起源としていますから，これらが互いに関係すること
は自然なことです．

3.5　仮想宇宙旅行

　力と運動の関係について，ひとつ例をあげます．テーマパークなどに，
宇宙船に乗り込んで仮想旅行を体験するアトラクションがあります．乗
客は加速を感じ，リアルに動く宇宙船内部にいるかのような体験をする
ことができます．この仕組みはどうなっているのでしょう．

本当に加速する場合

　図 3.10 (a) は，実際に宇宙船が加速度 a で直進している場合です．こ
のとき，乗客の運動方程式を書いてみましょう．乗客が進行方向に受け
る力は，座席の背もたれから受ける抗力 P だけです．ですから，運動方
程式は

$$ma = P \qquad (3.34)$$

となります．加速度がゼロなら P もゼロです．乗客は，この背中が受ける力を通して加速されている感覚を感じます．

慣性力

　窓の外の景色に目をやらなければ，動いていることを確かめる術はありません．私たちはただ，力を通して"加速感"を得るのです．乗客にしてみれば，自分は何からも押されていません．それにもかかわらず力を受けるのです．この状況を，「加速されている環境（非慣性系）内部では，見かけの力 ma が作用する」という言い方で表すこともあります．この見かけの力を**慣性力**といいます．回転運動する環境内部で感じる遠心力も慣性力の一種です．慣性力の立場に立つと「ma と P が釣り合っている」と理解することができます．

箱を傾ける場合

　次に図 3.10 (b) のように，乗客の乗った箱を移動せずに単に角度 θ だけ傾けて止めます．すると乗客の目線方向には，背もたれからの抗力 P とは逆向きに重力 mg の成分 $mg\sin\theta$ が作用します．乗客は動いていませんから加速度はもちろんゼロです．そして釣り合いの条件から

$$P = mg\sin\theta \qquad (3.35)$$

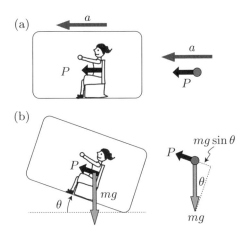

図 3.10　(a) 部屋全体が加速度 a で動く．(b) 部屋を動かさず，角度 θ だけ傾ける．

が得られます.

(3.34) と (3.35) を見比べましょう. そして

$$ma = mg \sin\theta \qquad (3.36)$$

と等置します. ここで, 3.3 節で述べた等価原理が効いてきます. 両辺の m は等価原理により確かに共通です. この結果, 両辺を m で割ることができます. こうして, 傾き角を

$$\sin\theta = a/g \qquad (3.37)$$

とセットすれば, 乗客は背中から前方へ向けて全く同じ大きさと向きの抗力 P を感じることがわかります. つまり, 同じ加速感が得られるのです. これが仮想宇宙旅行の仕組みです. 乗客の乗った宇宙船は実際には移動していませんが, 箱を傾けて背中に重力の成分を感じさせることで加速感を生み出しているのです.

この仕組みを極端な例に当てはめましょう. 自分が乗ったエレベーターのワイヤーが切れて自由落下したとします. すると, エレベーターは重力加速度 g で落下しますから, 人は上向きに慣性力 mg を受けます. この慣性力は, 下向きの重力 mg を完全に打ち消します. つまり, いわゆる無重力状態 [14] が実現します. 地表で物体を斜めに投射すると放物運動します. そこで飛行機に放物線飛行 (パラボリックフライト) をさせると, 機内には全く力が働かない状況がつくり出せます. このようにして宇宙航行の模擬実験を行うことができます.

---

14) 重力が消え去ったわけではなく, あくまで慣性力が打ち消して重さを感じなくなるだけです.

4 | エネルギー

岸根順一郎

《**目標＆ポイント**》　とても身近な言葉であるエネルギーは，物理的にはどのように定義されるのでしょうか．力とエネルギーはどのような関係にあるのでしょうか．エネルギーが保存されるとはどういうことでしょうか．

《**キーワード**》　力学的エネルギー，位置エネルギー，力学的エネルギー保存則，エネルギーの諸形態

4.1　運動エネルギーと仕事

力 vs. エネルギー

　人類は 50 万年前に火を使い始め，さらに風力や水力を使って農耕作業を進めてきました．そして 18 世紀の産業革命期に石炭を利用した蒸気機関が現れ，20 世紀中頃になると石油，さらには原子力という動力源を使うようになりました．現在，動力源という言葉は常にエネルギー資源と結びつけて語られます．今日を生きる私達にとって，エネルギーという言葉はあまりに身近です．しかし，身近な言葉ほど注意が必要です．

　19 世紀を代表する物理学者でウィリアム・トムソン[1] は，1846 年の講演で「物理学は力の科学である」と述べています．ところがわずか 5 年後の 1851 年には，「エネルギーこそが主役だ」と公言してエネルギー原理主義の立場を表明しています．『プリンキピア』から 2 世紀近くの間に何があったのでしょうか．また，現在の物理学は，エネルギーをどう捉えているのでしょうか．

---

1)　後のケルビン卿.

運動エネルギーと仕事

　ニュートンが自らの力学体系の核心に据えたのは力です．彼は力の尺度が運動量であることを見抜き，力と運動量変化の関係性（つまり運動方程式）から演えきできる領域に力学的世界を閉じ込めてしまったのです．もちろん，このような問いの限定を行ったこと自体がニュートンの偉大な功績です．一方，ニュートンと同時代に活躍したライプニッツは運動量 mv ではなく，mv^2 という量に活力（vis viva）という名を与え，これこそが力のあらわれであると考えました．しかし，ニュートンは『プリンキピア』の中で mv^2 という量に着目することはありませんでした．ニュートンにしてみれば，運動量こそが力学の基本量なのだからそれだけで十分だ，というわけです．

　しかし，この mv^2 という量にこそ，エネルギーの概念が潜んでいたのです．自然科学の分野にエネルギーという言葉を持ち込んだのは，トマス・ヤングです[2]．彼は 1802 年にロンドンの王立協会で行った講義の中で，「エネルギーとは物体の質量に速度の 2 乗をかけ合わせたものである」と述べました．つまり mv^2 です．ベクトルの内積はスカラーですから，mv^2 はスカラーです．では，このスカラー量に一体どんな意味があるのでしょうか．例えば，柔らかい木材に弾丸を撃ち込んでめり込ませる場合，弾丸の速度が 2 倍になると弾丸がめり込む距離は 4 倍になります．自動車のスピード超過の恐ろしさを知るために，運転免許の教習所では，「止まっているものに衝突するとき，速度が 2 倍になると衝突時の衝撃は 4 倍になる」ことが教え込まれます．さらに，速度が同じでも自転車よりトラックの方がはるかに大きな衝撃を与えます．衝撃は，質量に比例するわけです．これらのことは，ヤングが導入した mv^2 という量によってうまく説明できそうです．

　実は，ヤングによるエネルギーの定義には，一見ささいな誤りがあり

---

2) ヤングは，特に光の波動性を明快に検証したヤングの干渉実験で広く知られています．

ます．今日，運動エネルギー [3] と呼ばれる量は

$$K = \frac{1}{2}mv^2 \tag{4.1}$$

と定義されます．v^2 は速度の絶対値（つまり速さ）の 2 乗を意味します．K は「（質量）×（速度）^{2}」の次元をもちますから，単位は

$$\text{kg} \times (\text{m/s})^2 = \text{kg·m}^2\text{·s}^{-2} \tag{4.2}$$

となります．この単位をジュール **(Joule)** と呼んで J で表し，エネルギーを測る単位として用います．

さて，K はヤングの mv^2 の半分です．なぜ 1/2 が現れるのか．それは運動エネルギーが力学的仕事と結びついたとき，初めて明らかになります．そこで (4.1) で与えられる K がニュートンの運動方程式に潜んでいることをみてみましょう．

力 $\boldsymbol{f}$ を受けて運動する物体を考えましょう．運動方程式は

$$m\frac{d\boldsymbol{v}}{dt} = \boldsymbol{f} \tag{4.3}$$

です．無限小時間 dt の間に速度が $\boldsymbol{v}$ から $\boldsymbol{v} + d\boldsymbol{v}$ に変化したとします．このとき，運動エネルギーの変化を dK と書くと，

$$dK = \frac{1}{2}m\left(\boldsymbol{v} + d\boldsymbol{v}\right)^2 - \frac{1}{2}mv^2 \tag{4.4}$$

です．$\left(\boldsymbol{v} + d\boldsymbol{v}\right)^2$ を展開する際，$d\boldsymbol{v}$ について 1 次の項は残し，2 次の項 $(d\boldsymbol{v})^2$ は無視します．すると

$$\frac{1}{2}m\left(\boldsymbol{v} + d\boldsymbol{v}\right)^2 = \frac{1}{2}mv^2 + m\boldsymbol{v}\cdot d\boldsymbol{v} + \frac{1}{2}m\ (d\boldsymbol{v})^2 \quad 0 \tag{4.5}$$

となります．右辺 2 項目の $\boldsymbol{v}\cdot d\boldsymbol{v}$ は $\boldsymbol{v}$ と $d\boldsymbol{v}$ の内積を意味します．「無限小量の 1 次項を残し，2 次以上はすべて無視する」というのが微分の本質です．そもそも微分とはこの性質を満たす無限小量のことをいうので

---

3) 運動エネルギー（kinetic energy）の命名はウィリアム・トムソン（ケルビン卿）によるもので，1850 年ごろのことです．

す. $\Delta \boldsymbol{v}$ と書いた場合, $(\Delta \boldsymbol{v})^2$ を無視する理由はありませんが, $d\boldsymbol{v}$ と書いた場合は自動的に $(d\boldsymbol{v})^2 = 0$ とみなすのです.

この関係より,

$$dK = m\boldsymbol{v} \cdot d\boldsymbol{v} \tag{4.6}$$

であることがわかります. さて, 運動方程式 (4.3) は

$$m\,d\boldsymbol{v} = \boldsymbol{f}\,dt$$

と等価です. さらに, $\boldsymbol{v}\,dt = d\boldsymbol{r}$ (式 (3.11) と等価) に注意すると

$$dK = \boldsymbol{v} \cdot (m\,d\boldsymbol{v}) = \boldsymbol{v} \cdot \boldsymbol{f}\,dt = \boldsymbol{f} \cdot (\boldsymbol{v}\,dt) = \boldsymbol{f} \cdot d\boldsymbol{r}$$

つまり

$$\boxed{dK = \boldsymbol{f} \cdot d\boldsymbol{r}} \tag{4.7}$$

が得られます. この式の内容を図示したのが図 4.1 です. 右辺に現れた量, つまり「力 $\boldsymbol{f}$ と位置変化 (変位) $d\boldsymbol{r}$ の内積」を力学的な仕事と呼びます. (4.7) を言葉で表せば

仕事が運動エネルギーを変化させる

ということです. あらためて, 運動エネルギーの定義に 1/2 を含めておかないと, この関係が成り立たないことに注意しましょう.

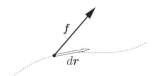

図 4.1 力 $\boldsymbol{f}$ による微小変位 $d\boldsymbol{r}$ による仕事

時間が消えた！

重要なことは, 式 (4.7) に時間 t が現れていないことです. 時間が消えた, ということは時々刻々の運動を追跡する必要がないということです. これは, 運動を解析するうえで大変なメリットです. 例えば滑らか

な（摩擦のない）水平面上に物体を置き，一定の力 f_0 を加えてみましょう．このとき，距離 L だけ進んだ時点での速度 v はどうなるでしょう．この場合，力 $\boldsymbol{f}$ と変位 $d\boldsymbol{r}$ は常に平行です．しかも $\boldsymbol{f}$ は一定です．ですから，仕事は単に <u>力と移動距離の積</u> になります．また，力を加える前，静止状態での運動エネルギーはゼロです．これが $\frac{1}{2}mv_0^2$ に増大するわけです．仕事と運動エネルギーの関係は

$$\frac{1}{2}mv_0^2 = f_0 L \tag{4.8}$$

です．ここから直ちに $v_0 = \sqrt{2f_0L/m}$ が得られます．時間の情報を一切使わずに速度の変化が出てしまいました．

　この式を逆に読むこともできます．路面を速度 v_0 で走っていた車が急ブレーキをかけたら距離 L だけ進んで停止したとします．この場合，f_0 に当たるのは路面からの摩擦力です．運転免許をとるとき，「車の制動距離はスピードの 2 乗に比例して長くなる．車は急に止まれないのだ」ということを何度も注意されます．この注意は，(4.8) を言葉で述べたものです．

運動エネルギーと仕事の関係の意義

　私たちは，運動エネルギーと仕事の関係を，運動方程式から導き出しました．言い換えれば，この関係式は運動方程式の中に隠れていただけで，それが掘り出されただけです．しかし，ここに初めてライプニッツが固執した mv^2 という量の素性が明らかになったわけです．同時に，ニュートンとライプニッツの対比も明確になります．ニュートンは

力の尺度が運動量である

と言った [4] のに対し，これをライプニッツ流に言い換えれば

---

4)　ここで尺度といっているのは，運動量変化を測定することで力を測ることができるという意味です．

仕事の尺度が運動エネルギーである

ということになります. 結果的に, どちらも正しかったわけです.

4.2 力学的エネルギー保存則

力学的エネルギー保存則

ニュートンの運動方程式にエネルギーの概念が隠されていたことがわかりましたが, さらに重大な事実が隠れています. エネルギーというものをためることができる, つまり, 保存することができる, という発見です. ここから, エネルギーは姿を変えて流転する, という発想が生まれます. この時点で, エネルギーが力の概念から解き放たれて独り歩きを始めます. 本章の初めに述べたケルビンの変心は, この発想の大転換に遭遇して起きたものです.

具体例で説明しましょう. 糸でおもりをつるして地表から高さ h の位置に保持します. 糸を切ればおもりは自由落下します (空気抵抗は無視). この運動をエネルギーの視点で捉え直してみましょう. 図 4.2 のような鉛直上向きの x 軸をとります. すると, 重力は下向きなので $-mg$ です. (4.7) より

$$dK = \underbrace{-mg}_{\text{重力}} \underbrace{dx}_{\text{微小変位}} \tag{4.9}$$

落下しているので dx は負の量になります. ですから $-mg\,dx$ は正になります. つまり, おもりは重力によって仕事をされることになります. その結果, 運動エネルギーが増加するわけです. さて, mg は定数なので,

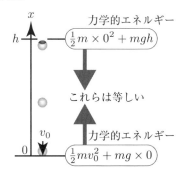

図 **4.2** 　自由落下する物体

$$V = mgx \tag{4.10}$$

という量をつくれば $dV = mg\,dx$ です。すると (4.9) より，$dK = -dV$，つまり

$$dK + dV = d(K + V) = 0 \tag{4.11}$$

となります[5]。これは「$K + V$ という量が時間によらず一定に保たれる」ことを意味しています。その一定値を E と書けば

$$K + V = E \tag{4.12}$$

です。これは重大なことです。時々刻々落下する運動の背後に，$K + V$ という保存量が隠れていたことが発覚したわけです。そこで，特別な意味をもつ V という量にポテンシャルエネルギー（または位置エネルギー）という名前[6]を付けます。いまの場合は特に，重力の位置エネルギーです。そして E を力学的エネルギーと呼び，(4.12) を力学的エネルギー保存則と呼びます。

　力学的エネルギー保存則は大変便利です。手放した瞬間も，ボールが落下しているどの瞬間も，運動エネルギーと位置エネルギーの和は一定に保たれるのです。手放した瞬間 ($x = h, v = 0$) の力学的エネルギーは

$$\text{手放した瞬間の力学的エネルギー} = \frac{1}{2}m \times 0^2 + mgh \tag{4.13}$$

です。一方，ボールが地表に達したときの速度を v_0 とすれば，

$$\text{地表での力学的エネルギー} = \frac{1}{2}mv_0^2 + mg \times 0 \tag{4.14}$$

となります。力学的エネルギー保存則は，(4.13) と (4.14) が完璧に一致することを保証してくれます。つまり

---

5)　2つの無限小量の和 $dK + dV$ は，和 $K + V$ の微分 $d(K + V)$ と同じものです。「変化の和」と「和の変化」は等しいといえばわかりやすいと思います。

6)　Potential energy という命名はウィリアム・ランキンによるもので，1853 年のことです。なお，日本語では慣習として位置エネルギーとポテンシャルエネルギーという言葉がともに使われますが，英語では一貫して Potential energy です。無駄なような気もしますが，日本語の書き言葉としてはポテンシャルとカタカナで書くと長くなります。そこで本書でも基本的に位置の方を使うことにします。

$$\frac{1}{2}mv_0^2 = mgh \tag{4.15}$$

です．これより $v_0 = \sqrt{2gh}$ が求められます．この結果を，重力が仕事 mgh をした結果，運動エネルギーを獲得したと読めば (4.8) を導いた議論と同じことです．

「エネルギーの流転」という見方

(4.15) をみると，ボールを放した瞬間の位置エネルギーが地表での運動エネルギーに転換した，と読むことができます．「位置が高いということ自体に，運動を駆動する能力が潜んでいる」といってもよいでしょう．これがポテンシャルエネルギーという名の由来です．逆に，地表から投げ上げた物体は上昇します．運動エネルギーが位置エネルギーに転換するわけです．このように運動エネルギーと位置エネルギーは，その合計を保ったまま互いに転換し合うのです．ここに「エネルギーは流転しながらも全体として保存する」という新しい見方が誕生します．この見方が，やがて熱エネルギー，電気エネルギー，化学エネルギー，核エネルギーなど，さまざまなエネルギーの流転を大局的に捉える視点をもたらします．

エネルギーからエントロピーへ

熱力学の建設に多大な貢献をしたクラウジウス（1822〜1888）は，1865 年に「宇宙のエネルギーは一定である」と述べました．では，一定のエネルギーの流転を制御する役割はいったい何が果たすのでしょうか．その答えがエントロピーです．

エネルギーとエントロピーの関係は，それぞれ通貨の総量と流れの関係にたとえられます．ある国の通貨総量は，新たに造幣しない限り一定です．

しかし流通します．この流通をコントロールするのがエントロピーです．
エントロピーは，近代熱力学の主役です．詳しくは第7章で扱います．

4.3 エネルギー概念のひろがり

ウィリアム・トムソンの変心

　エネルギーの概念が確立するのは，『プリンキピア』から2世紀近くが
経過した19世紀中ごろです．19世紀を代表する物理学者であるウィリ
アム・トムソン（後のケルビン卿）は，1846年の講演では「物理学は力
の科学である」と述べています．ところがわずか5年後の1851年には，
「エネルギーこそが主役だ」と公言して，エネルギー原理主義の立場を表
明しています[7]．エネルギーが力の概念より一般的であると考えられる
理由は，熱をエネルギーとして取り入れることができるからです．分子
や原子核の結合も，力に基づくより，エネルギー（結合エネルギー）で
捉えた方がはるかにシンプルです．

位置エネルギーの形態

　エネルギーはさまざまな形態をとりますが，その起源は運動エネルギー
と位置エネルギーです．まずは位置エネルギーのほうからみていきましょ
う．位置エネルギーは，物理的なシステムに蓄積されたエネルギーです．
　坂道を下る際，自転車をこがなくてもスピードが上がるのは重力の位
置エネルギーが運動エネルギーに変換されるからです．水力発電は重力
の位置エネルギーをタービンの回転エネルギーに転換し，さらに電気エ
ネルギーに転換します．電気エネルギーは電場が電子を加速する際の仕
事です．
　ばねや輪ゴムが伸びているときに蓄積されるのは弾性エネルギーです．
音は空気の振動が空間を伝わる現象ですから，ばねと同様に弾性エネル

---

7)　ピータ・アトキンス『ガリレオの指』（斉藤隆央訳，早川書房）の記述に基づく．

ギーを蓄えています.

　化学エネルギーは原子と分子の結合に蓄えられたエネルギーです.　結合はばねの力でモデル化できますから,　化学エネルギーとばねの位置エネルギーは同様のものです.　電池,　バイオマス,　石油,　天然ガス,　石炭などのエネルギーは化学エネルギーの例です.　木炭やガソリンを燃やすと,　化学エネルギーが熱エネルギーに変換されます.

　原子力エネルギーは,　原子核の結合エネルギー,　つまり原子核をまとめるのに必要なエネルギーです.　化学エネルギーの原子核版といってもよいでしょう.　原子核が結合または分裂すると結合エネルギーが変化して,　大量のエネルギーが出入りします.　これについては第 14 章で詳しく扱います.

　電磁波の放射エネルギーは,　電場と磁場に蓄えられる位置エネルギーです.　降り注ぐ太陽の光は宇宙空間を経て地上に放射エネルギーを運び,　暖かな環境や水,　大気の循環をもたらします.　ところで,　なぜ電磁波が位置エネルギーを運ぶのかは少し高度な問題で,　電磁気学の理解が必要になります.　ここでは立ち入らないことにします.

運動エネルギーの形態

　物質内の原子や分子はランダムに運動しています.　これに伴う運動エネルギーが熱の起源です.　火や電気ヒーターの熱,　地熱エネルギーなどはすべてこのタイプのエネルギーです.

　このように,　位置エネルギーは物質の結合エネルギーとして,　ランダムな運動エネルギーは熱として現れます.　見かけは違っても,　これらはすべて共通の次元（ジュール,　J）をもつエネルギーとして相互に転換できます.　この転換を運動方程式から記述することは不可能です.　このため,　エネルギーの概念は力の概念よりも広いといえます.

5 | 古典力学のひろがり

岸根順一郎

《**目標＆ポイント**》　ニュートン力学が成功した決定打は，惑星の運動を解読できたことです．惑星運動はなぜ，どのように解かれるのでしょうか．そもそもなぜ解けるのでしょうか．力学的な世界はどのような広がりをもつのでしょうか．

《**キーワード**》　角運動量，ケプラー問題，原子核の発見，古典力学の展開

5.1　回転と角運動量

対称性（シンメトリー）という見方

　太陽のまわりの地球の運動を考えましょう．太陽は地球よりはるかに重いので，太陽と地球の重心は太陽の中心 O にあると考えて構いません[1]．地球は常に太陽中心 O に向かう万有引力で引っ張られることになります．さらに，万有引力の大きさは O からの距離 r だけで決まります．このように，原点 O と P の距離 r だけで大きさが決まり，向きが常に O と P を結ぶ直線に沿う力を中心力といいます．距離が同じなら，回転して場所を変えても太陽は同じに見えるということです．この性質を回転対称性と呼びます．

　このように，万有引力は回転対称性をもつ中心力です．ここで，力と対称性という 2 つの言葉が結びつきました．この結びつきは，古典力学で記述しきれないミクロな世界の量子力学でも，極めて重要な役割を果たすことになります．

---

1)　太陽と地球の質量比は 333054 : 1 です．正確にいうと，太陽と地球の重心は太陽の中心から 449 km の位置にあります．これは太陽半径の 0.06% です．

角運動量

　中心力による運動，言い換えれば回転対
称な運動では**角運動量**と呼ばれるベクトル
量が常に一定に保たれます．これが**角運動
量保存則**です．角運動量を記述するには，
2.4 節で導入したベクトルの外積を使いま
す．太陽中心を原点 O として，ある時刻
t での地球中心の位置ベクトルを r と表し

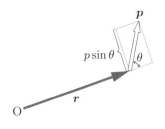

図 5.1　r と p の関係

ます．また，この瞬間の地球の運動量を p とします．このとき，角運動
量を

$$L = r \times p \tag{5.1}$$

で定義します．r と p のなす角を θ とすると，L の大きさ L は

$$L = rp\sin\theta \tag{5.2}$$

です．r と p の関係（図 5.1）に注意すると，$p\sin\theta$ というのは「r に垂
直な p の成分」です．

角運動量は回転の勢いを表す

　運動量は物体が直進（物理では**並進**という）する勢いを表したのに対
し，角運動量は回転の勢いを表します．なぜでしょう．外積の性質から，
r と p が平行なら L はゼロです．p は物体の進行方向を向きますから，
r と p が平行であるということは，点 O のまわりで全く回転がない（r
の角度変化がない）ということです．このことから，L が回転の勢いを
表すことがわかります．

　もうひとつ，L は回転の軸の方向を向くという重要な性質があります．
外積の性質から，L は r にも垂直，p にも垂直です（もちろん r と p は

垂直とは限りません）．そして r から p に右ねじを回したとき，ねじの
進む向きが L の向きです．これは，図5.2のように L が瞬間瞬間の回転
軸方向を向くことを意味しています．角運動量には，回転の勢いと回転
軸の向きという2つの意味が込められています．

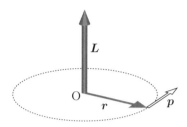

図 5.2　角運動量は回転の勢いを
表すと同時に，回転軸の方向を向く．

角運動方程式

L の時間変化を調べるため，これを時間で微分してみます．すると

$$\frac{dL}{dt} = \frac{d}{dt}(r \times p) = \underbrace{\frac{dr}{dt} \times p}_{=0} + r \times \underbrace{\frac{dp}{dt}}_{=f} \tag{5.3}$$

です．これは積の微分公式 (2.23) をベクトルの各成分に適用したもので
す．ここで，dr/dt は速度ですから p と平行です．この結果，右辺第1項
は自動的にゼロになります．また，第2項の dp/dt は，運動方程式より
f になります．こうして，角運動量の時間変化率が

$$\boxed{\frac{dL}{dt} = r \times f} \tag{5.4}$$

とまとめられます．これを角運動方程式と呼びます[2]．右辺の量

$$N = r \times f \tag{5.5}$$

を力のモーメントまたはトルクといいます．かくして，

トルクが角運動量を変化させる

という法則が得られます．

　角運動方程式は運動方程式と並ぶ基本法則ですが，運動方程式 $dp/dt = f$ を使って導かれました．この意味で，運動方程式と独立の法則ではありません．ただし，物体の運動を並進と回転に分けて考えるうえで，それぞれが基本的な役割を果たします．

角運動量保存則

　中心力の場合，r と f は平行なので $r \times f = 0$ です．トルクがゼロなので，(5.4) より角運動量は不変不動です．つまり

中心力による運動では角運動量が保存する

という重要な結論が引き出せます．万有引力は中心力ですから，太陽のまわりの惑星の運動は，角運動量が保存された運動です．角運動量が不変であるということは，回転軸が不動であることを意味します．これは，惑星の運動がひとつの平面内で起きることを意味します．実際，惑星の軌道はひとつの平面内にあります．

剛体の角運動量と慣性モーメント

　天体から離れ，身近な回転現象に目を向けてみましょう．例えば回転するコマの角運動量はどのように求めればよいでしょう．それには，あたまの中でコマを細かく分割し，それぞれの素片の角運動量を積算すれ

---

[2]　この呼び方はそれほど一般的ではありませんが，運動方程式と並ぶ基本方程式なのでこう呼んでおくことにします．

ばよいでしょう．積分の発想です．

　平面内で，軸のまわりを一定の速さで円運動する素片を考えましょう．
素片は時間周期 T で 1 回転するものとします．このとき，単位時間（1 秒）
に回転する角度

$$\omega = 2\pi/T \tag{5.6}$$

を**角速度**といいます．角度はラジアン（弧度法）で測っています．コマ
は固く変形しない材質でつくられた物体です．このような物体を**剛体**と
いいます．剛体の特徴は，あらゆる部分が一斉に回転する ことです．あ
る部分が 1 回転すれば，他のすべての部分も 1 回転しています．これは，
あらゆる部分が共通の角速度 ω で回転することを意味します．

　素片に番号を振り，i 番目の質量を m_i，回転半径を r_i としましょう．
素片は見えない固い棒の先についていて，この棒が回っていると想像し
ましょう（図 5.3）．このとき，1 秒間に素片が進む距離（つまり速さ）は
$r_i\omega$ です．角速度 ω はすべての素片に共通なのでラベル i は不要です．
この距離 $r_i\omega$ は，速さ v_i と同じです．つまり

$$v_i = r_i\omega \tag{5.7}$$

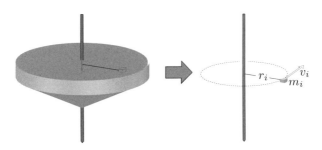

図 5.3　回転するコマを頭の中で再分割し，素片の一つを取
り出してその角運動量を考える．

(5.2) と対応させると，円運動なので $\theta = \pi/2$ であり，また，i 番目の素片の運動量の大きさは

$$p_i = m_i v_i = m_i r_i \omega \tag{5.8}$$

です．これより角運動量は

$$L_i = m_i r_i^2 \omega \tag{5.9}$$

となります．ここで

$$I_i = m_i r_i^2 \tag{5.10}$$

とおき，これを（素片 i の）**慣性モーメント**と呼びます．慣性モーメントは，物体の質量と回転半径で決まってしまいます．これに対し，角速度 ω はいくらでも変えられます．慣性モーメントとは，角運動量からシステム固有の量を抽出したものです．

ここまでは，頭の中でコマを細かな素片に分割しました．もとのコマ全体の慣性モーメントは，これらの素片からの寄与を積算して

$$I = \sum_i m_i r_i^2 \tag{5.11}$$

とすれば得られます．$\sum_i$ はすべての素片について和をとることを意味します．最終的に，素片の大きさを無限小にして無限個の素片についての和をとることになります．これが積分の操作です．結果として得られる慣性モーメント I を使うと，コマ全体の角運動量の大きさは

$$L = I\omega \tag{5.12}$$

となります．こうして広がりのある固い物体（剛体）の角運動量が求められます．コマの運動や坂道を転がるボールの運動といった，回転を伴う運動を解析する際，この見方が大活躍します．

剛体の回転運動エネルギー

さらに，回転するコマの運動エネルギー（回転運動エネルギー）は

$$K = \sum_i \frac{1}{2} m_i v_i^2 = \frac{1}{2} \left(\sum_i m_i r_i^2 \right) \omega^2 = \frac{1}{2} I \omega^2 \qquad (5.13)$$

と書けます．ここにも慣性モーメントが顔を出します．運動エネルギーが同じでも，慣性モーメントが大きいと角速度の大きさは小さくなります．つまり回転しにくくなります．質量が大きいと，物を動かしにくいように，慣性モーメントが大きいと，物を回しにくいのです．慣性モーメントが「回転の慣性」を表し，ここから慣性モーメントという呼び名が自然に生まれたのです．

回転対称性と角運動量保存則

コマがくるくると回り続けるのは，角運動量が保存されて回転軸が保持されるためです．回転軸の向きを変えるにはトルクを与える必要があります．コマの角運動量が保存されるのは，コマが軸のまわりに回転対称であることの帰結です．実際，コマの盤面におもりをつけるとコマは安定して回らなくなります．これは，おもりをつけたことで回転対称性が破れてしまったことを意味します．万有引力が中心力であり，角運動量保存則が成り立つのも回転対称性の産物でした．このように，対称性と保存則は直接結びついています．この結びつきを頼りにすると，対称性に基づいて未知の力の性質を予想することができます．この発想は現代物理学でとても重要になります．

フィギュアスケートの回転

角運動量保存則の見事な例がフィギュアスケートの回転です．スケーターは，腕を開いた状態から下ろすことで自分の慣性モーメントを小さ

くします．角運動量は慣性モーメントと角速度の積で，これが保存されるわけです．腕を下ろせば慣性モーメントが小さくなって角速度が上昇します．

電子のスピンと角運動量

　角運動量の次元は，(5.9) より $M \cdot L^2 \cdot T^{-1}$ です．単位で書けば $kg \cdot m^2 \cdot s^{-1}$ です．唐突ですが，量子力学の基本定数であるプランク定数 h も全く同じ次元をもちます．物理学では，次元が同じ量は本質的に同じものであると考えます．こうして，プランク定数が実は角運動量と同等のものだということがわかります．

　実際，量子力学が明らかにしたように，電子などの素粒子は，惑星の公転に対応する軌道角運動量だけではなく，自転に対応する角運動量をもちます．これをスピンといいます．スピン角運動量の大きさは，プランク定数の整数倍[3] になります．同様に，軌道角運動量もプランク定数に比例します[4]．角運動量は，マクロな古典力学の世界とミクロな量子力学の世界を橋渡しする役割を果たすのです．

5.2　ケプラー問題

ケプラー問題の成功

　20 世紀に入って建設された量子力学と相対性理論に基づく物理学に対して，19 世紀までにほぼ完成した物理学を古典物理学と呼びます．古典力学，古典電磁気学などといった場合，「量子力学を使わない」ことを意味します．

　「古典物理学の成功例をあげよ」といわれたら，「ニュートン力学による惑星運動の解明」が間違いなく筆頭にくるでしょう．ついで，20 世紀前半の「量子力学による原子構造の解明」があげられるでしょう．これ

---

[3]　h を 2π で割った値の 0, 1/2, 1, 3/2, 2, ... 倍（つまり 1/2 の整数倍）になります．

[4]　軌道角運動量は，h を 2π で割った値の整数倍になります．

らは宇宙と原子という極端にスケールの違う世界を対象とした話であり，さらに古典力学と量子力学という異なる枠組みで語られます．しかし共通点がひとつあります．惑星運動は万有引力，原子の構造は原子核と電子の間の静電気力が主題です．これらはともに距離の2乗に反比例する力の問題なのです．これをケプラー問題といいます．幸運なことに，ケプラー問題の運動方程式（微分方程式）[5] は，数学的（解析的）に完全に解き切ることができます．この幸運が，上で述べた成功体験をもたらしたのです．ケプラー問題は，惑星運動と原子の構造にとどまりません．原子 核 の発見にも本質的な貢献をしました．

　万有引力による運動では，力学的エネルギーが保存されます．さらに角運動量も保存されます．実はもうひとつ，距離の2乗に反比例する場合にだけ保存する量があります．この量の存在が，ケプラー問題が解ける理由です．距離の2乗，つまり長さの2乗と聞けば，まずは面積を思い浮かべるでしょう．逆に，万有引力とは面積に反比例する力だといえます．この結果，万有引力に面積をかけると一定になるのです．これが新しい保存量が現れる理由です．以下，本節の終わりまで数学的な扱いが少しだけ込み入りますが，万有引力の神秘を読み解くため頑張ってみましょう．前節で角運動量について述べましたが，これもケプラー問題に必要な準備でした．

　逆に，もし万有引力やクーロン力が距離の2乗ではなく，2.5乗や3乗に反比例する力だったなら，紙とペンだけで運動方程式を解くことができません．その結果，コンピュータの出現を待つまでニュートン理論の正しさは認められなかったでしょう．そもそもニュートンが力学理論をつくり上げることができたのも，ケプラー問題が実は解ける問題だったからです．本節では「ケプラー問題がなぜ解けるのか」という点を掘り下げることで，物理理論の特徴を浮き彫りにしてみます．

---

[5]　惑星運動はニュートンの運動方程式で記述されますが，原子の問題はシュレーディンガー方程式と呼ばれる量子力学の基礎方程式で記述されます．いずれの場合も，ケプラー問題は完全に解くことができます．

ケプラーの法則

　ニュートンを万有引力の法則へと導いたのがケプラーの法則です．ケプラーは，ティコ・ブラーエの観測データをもとに，次の 3 つの法則を引き出しました．

第 1 法則：惑星は太陽を 1 つの焦点とする楕円軌道上を運行する（楕円軌道の法則）．

第 2 法則：惑星と太陽を結ぶ線分が一定時間に掃く面積は，軌道上の場所によらず一定である（面積速度一定の法則）．

第 3 法則：惑星の公転周期 T の 2 乗は，楕円軌道の長径 a の 3 乗に比例する（調和の法則）．

　ケプラーが第 1 法則と第 2 法則を『新天文学』において発表したのは 1609 年 [6]，第 3 法則を『宇宙の調和』で発表したのは 10 年後の 1619 年です．この結果を受けて，ニュートンは，「ケプラーの第 3 法則が成り立つためにはどのような力が必要か」と問うて，1666 年ごろ，万有引力の法則に到達します．そして，逆に万有引力を使って惑星運動を解析し，1680 年ごろ，第 1 法則と第 2 法則を導くことに成功します．観測に基づくケプラーの考察とニュートンによる論理的演えきが逆の順序で行われたことは興味深いことです．これは，科学の進歩において経験則の抽出と自然法則の抽出の順序がしばしば入れ替わることを示す好例です．

国際宇宙ステーションの公転周期

　国際宇宙ステーション（ISS）は地上から約 400 km の上空を，円軌道を描いて飛行しています．ISS はどれくらいの時間で地球を 1 周するでしょうか．求める時間を T としましょう．この答えはケプラーの第 3 法則から簡単に計算することができます．地球と月の距離は約 38.44 万 km です．そして月は 27 日で地球のまわりを 1 周します．ISS の軌道半径

6）　この年は，ガリレオ・ガリレイが初めて望遠鏡を使って天体を観測した年でもあります．

は，地球の半径 6400 km に 400 km を足した 6800 km です．公転周期の 2 乗と，軌道半径の 3 乗が比例するので，

$$(27 \text{ 日})^2 : (38 \text{ 万 km})^3 = (T \text{ 日})^2 : (6800 \text{ km})^3$$

となります．左辺は月，右辺は ISS の情報です．これより

$$T = 27 \times \sqrt{\frac{6800^3}{384400^3}} = 6.35 \times 10^{-2}$$

です．単位は日ですから，これを分に直すと

$$60 \times 24 \times 6.35 \times 10^{-2} = 91.4$$

つまり約 90 分です．対応する飛行速度は時速約 27700 km です．ISS 内には，制限速度 28000 km/h という標識が張ってあります．

（ユニフォトプレス）

図 **5.4**　国際宇宙ステーション内に貼ってある制限速度時速 **28000 km** の標識（ジョーク）

面積速度

実は，角運動量と面積速度は直結しています．(5.9) に表れる $r^2\omega$ という量，これは単位時間当たりに物体が掃く**面積速度**の大きさの 2 倍です．面積速度とは，中心 O を速度ベクトルの始点として，始点と終点とを結んでできる三角形の面積です（図 5.5）．(5.7) を使うと，面積速度の大きさが

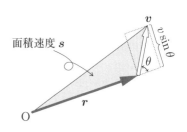

図 **5.5**　面積速度

$$s = \frac{1}{2}rv\sin\theta = \frac{1}{2}r^2\omega \tag{5.14}$$

と書けることがわかります．角運動量の大きさとの関係は

$$L = 2ms \tag{5.15}$$

です．ここでの結果から，角運動量が保存すれば面積速度もまた保存することがわかります．これがケプラーの**第 2 法則**です．

ケプラー問題の解（高度な話題）[7]

　新しい保存量を見つける準備は以上で完了です．まず，万有引力をベクトルで書きましょう．ベクトルは大きさと向きをもちますので，まずは大きさから．太陽の質量を M，地球の質量を m，太陽の中心 O と地球の中心 P の距離を r とすると，万有引力の大きさは GMm/r^2 です．G は万有引力定数です．次に，向きは P から O へ向かう向きになります．$\overrightarrow{\mathrm{OP}} = \boldsymbol{r}$ なので，向きを反転して $-\boldsymbol{r}$ が万有引力の向きと同じです．ただ，$-\boldsymbol{r}$ のままだと大きさが r です．大きさ 1 にして向きの情報だけ示すには，これを大きさ r で割って $-\boldsymbol{r}/r$ とすればよいわけです．ここで

$$\boldsymbol{e}_\parallel = \frac{\boldsymbol{r}}{r} \tag{5.16}$$

と書くことにしましょう．$\parallel$ は「$\boldsymbol{r}$ に平行」を意味します．すると，大きさと向きの情報をともに込めた万有引力の表示は

$$\boldsymbol{f} = \underbrace{\frac{GMm}{r^2}}_{\text{大きさ}} \underbrace{(-\boldsymbol{e}_\parallel)}_{\text{向き}} \tag{5.17}$$

となります．

　こうして，地球の運動方程式は

$$m\frac{d\boldsymbol{v}}{dt} = -\frac{GMm}{r^2}\boldsymbol{e}_\parallel \tag{5.18}$$

となります．ここからが本題です．(5.15) より $2ms/L = 1$ です．この 1 を右辺に挿入しましょう．つまり

---

7)　この項目は数学的にやや高度です．難しいと感じる場合，飛ばして先へ進んでも構いません．

$$m\frac{d\boldsymbol{v}}{dt} = -\frac{GMm}{r^2}\left(\frac{2ms}{L}\right)\boldsymbol{e}_\parallel = -\frac{GMm}{r^2}\left(\frac{mr^2\omega}{L}\right)\boldsymbol{e}_\parallel = -\frac{GMm^2}{L}\omega\boldsymbol{e}_\parallel \tag{5.19}$$

なんと r が消えました！なぜ消えたのか？それは万有引力の分母にある r^2 と面積速度に含まれる r^2 が打ち消し合ったからです。これが距離の2乗に反比例する力が引き起こす神秘的な結果です。

もう少し進みましょう。ここに表れた $\omega\boldsymbol{e}_\parallel$ は，$\boldsymbol{e}_\parallel$ と直交するベクトル $\boldsymbol{e}_\perp$ と結びつきます。$\boldsymbol{e}_\parallel$ も $\boldsymbol{e}_\perp$ も大きさ1です（単位ベクトル）。$\boldsymbol{e}_\parallel$ と $\boldsymbol{e}_\perp$ は微小時間 dt の間に $\omega\,dt$ だけ回転します（図5.6左）。ここで $\boldsymbol{e}_\perp$ の始点をそろえると（図5.6右），$\boldsymbol{e}_\perp$ の変化 $d\boldsymbol{e}_\perp$ の大きさは $\omega\,dt$ で，向きは $-\boldsymbol{e}_\parallel$ であることが見てとれます。つまり

$$d\boldsymbol{e}_\perp = -\omega\boldsymbol{e}_\parallel\,dt \tag{5.20}$$

この両辺を dt で割ると

$$\frac{d\boldsymbol{e}_\perp}{dt} = -\omega\boldsymbol{e}_\parallel \tag{5.21}$$

です。この関係を使うと，(5.19) の最右辺は

$$-\frac{GMm^2}{L}\omega\boldsymbol{e}_\parallel = \frac{GMm^2}{L}\frac{d\boldsymbol{e}_\perp}{dt} = \frac{d}{dt}\left(\frac{GMm^2}{L}\boldsymbol{e}_\perp\right) \tag{5.22}$$

となります。これより運動方程式を

$$\frac{d}{dt}\left(\boldsymbol{v} - \frac{GMm}{L}\boldsymbol{e}_\perp\right) = \boldsymbol{0} \tag{5.23}$$

という形にまとめることができます。ただし両辺を m で割りました。

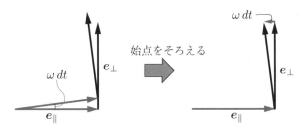

図 5.6 $\boldsymbol{e}_\perp$ の瞬間変化の大きさと向き

　この結果は驚きです．(5.23) のかっこの中身が保存される．つまり私たちは「距離の 2 乗に反比例する力」に特有の保存量を発見したのです．かっこ内を GMm/L で割って得られる定ベクトル

$$e = \frac{L}{GMm} v - e_\perp \tag{5.24}$$

を**離心率ベクトル**と呼びます.

　あと一歩で，惑星の軌道を求めるところまで行き着けます．それには，速度が

$$v = \frac{dr}{dt} \underset{r\,\text{の定義}}{=} \frac{d}{dt}\left(re_\parallel\right) \underset{\text{積の微分}}{=} \frac{dr}{dt}e_\parallel + r\underbrace{\frac{de_\parallel}{dt}}_{=\omega e_\perp} = \frac{dr}{dt}e_\parallel + r\omega e_\perp \tag{5.25}$$

と書けることを使います．$de_\parallel/dt$ を $e_\perp$ と結びつける式は，(5.21) と同様に導けます．この式を使うと，離心率ベクトルは

$$e = \frac{L}{GMm}\left(\frac{dr}{dt}e_\parallel + r\omega e_\perp\right) - e_\perp \tag{5.26}$$

となります．この両辺と $e_\perp$ との内積をとります．$e_\parallel \cdot e_\perp = 0$, $e_\perp \cdot e_\perp = 1$ に注意すると

$$
\begin{aligned}
e \cdot e_\perp &= \frac{L}{GMm}\left(\frac{dr}{dt}e_\parallel \cdot e_\perp + r\omega e_\perp \cdot e_\perp\right) - e_\perp \cdot e_\perp \\
&= \frac{L}{GMm}r\underbrace{\omega}_{=L/mr^2} - 1 = \frac{L^2}{GMm^2}\frac{1}{r} - 1
\end{aligned}
\tag{5.27}
$$

です．最終ステップで，$L = mr^2\omega$ ((5.9) と同様) を使って ω を消去しました．これを $r = \cdots$ の形の式にすると

$$r = \frac{p}{1 + e \cdot e_\perp} = \frac{p}{1 + e\cos\varphi} \tag{5.28}$$

が得られます．ここで定数 $p = L^2/(GMm^2)$ を導入し，さらに e と $e_\perp$ のなす角を φ，e の大きさを e（これを**離心率**と呼ぶ）として，$e \cdot e_\perp = e\cos\varphi$ と書き換えました.

　(5.28) は，r を φ の関数として与えることで軌道を決定する方程式です．$e = 0$ なら円軌道，$0 < e < 1$ なら楕円軌道，$e = 1$ なら放物線軌道，$1 < e$ な

ら双曲線軌道を表します．地球を巡る人工衛星や，太陽を巡る惑星は，中心天体に束縛されて有限の区間を運動します．つまり，円軌道または楕円軌道が実現します（ケプラーの第 1 法則）．こうして私たちは，運動方程式から出発して惑星の軌道を決定する問題を解き切ったことになります．このように，適切な保存則の助けを借りて軌道方程式を導き出せる系を**可積分系**と呼びます．

あらためて，離心率ベクトルの保存が果たした決定的な役割に注意しましょう．仮に天体の運動を支配する万有引力が距離の 2 乗に反比例する力でなかったなら，このような形で軌道を導きだす作業はできませんでした．もちろん，ニュートンの時代に運動方程式を解く作業と保存則の関連が理解されていたわけではありません．しかし，後知恵として振り返ると，ケプラー問題が可積分系であったからこそ荒削りの処方でも惑星運動の記述にこぎつけることができ，それによってニュートン力学が不動の地位を占めることができたのだといえます．

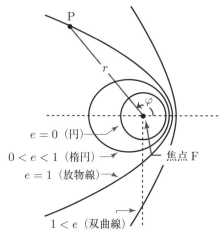

図 5.7　万有引力のもとでのさまざまな軌道を表す 2 次曲線

宇宙工学

宇宙探査機はやぶさが小惑星イトカワから持ち帰ったサンプルととも
に，地球大気圏に帰還したのは 2010 年 6 月です．7 年間 60 億 km におよ
ぶ波乱の飛行は，私たちに大きな感動を与えました．さらに 2014 年 12 月
3 日に打ち上げられたはやぶさ 2 は小惑星リュウグウに着陸し，2020 年
12 月 6 日に地球へ帰還しました．

広大な宇宙空間で，点のような探査機に，なぜこのような遠大かつ正
確な旅程が組めるのでしょう．力学的に考えると，宇宙空間で探査機に
作用する外力は，主に地球と太陽からの万有引力のみです．探査機に作
用する力は，地上の物体に作用する（静電気力の重ね合わせによる）摩
擦や抗力などといった現象論的な力に比べてはるかに単純なのです．地
上の運動では考えられないような長距離の航行を正確に制御できるのは，
この単純さゆえです．

宇宙探査機の運動の基礎は，もちろんケプラー問題にあります．ただ
し，旅の途中で軌道の乗り換えを行うことで，目的の場所へ効率よく短
時間で航行します．軌道の乗り換えは，ガス噴射による加速や惑星の重
力を活用した加速（スイングバイ）によって遂行されます．実際の探査
機の軌道は，楕円または双曲線軌道の継ぎ合わせとして設計できるので
す．宇宙探査機の軌道設計は，古典力学の精華といえるでしょう．

ラザフォード散乱と原子核の発見

ケプラー問題の成功体験を通して，人類は宇宙の調和を読み解く強力
な手段を手にしました．一方，ミクロな世界の成り立ちを解き明かす決
定的な実験にもケプラー問題が密接に関係しています．1909 年，ガイ
ガーとマースデンはアルファ粒子（ヘリウムの原子核）のビームを金属
箔に当てる実験[8] を行い，まれではあるが，アルファ粒子が大きな角度

---

8) 入射エネルギー $E = 5.3\,\mathrm{MeV}$ のアルファ粒子を銅（原子番号 $Z = 29$）の箔に
当てた．

で金属箔の後方に散乱されることを見出しました．彼らのグループを率いていたラザフォードは，この驚くべき結果 [9] が，原子の中心に局在する正電荷からのクーロン斥力によってアルファ粒子が散乱される現象として説明できることを明らかにしました（1911 年）．これが原子核の発見です．

原子構造の解明

万有引力をクーロン引力で置き換えれば，水素原子の力学的模型（原子核のまわりを電子が周回する）が得られます．水素原子の問題はケプラー問題と全く同じで，完全に解くことができます．この事実は，ボーアとゾンマーフェルトが水素原子の量子論を建設する際に本質的な手がかりを与えました．ケプラー問題は，物理学の発展にいくつもの本質的貢献をしてきたのです．

5.3　古典力学のひろがり

運動方程式 (3.8) は，物体に力が働くと加速度が生じることを意味します．しかし物体という言い方はかなりあいまいです．これを明確にすることで，むしろ運動方程式の適用範囲が広がっていきます．そのための出発点が，物体を質量をもつ点（質点）に潰す見方です．物体の位置は広がりのある物体をその重心に潰したときの位置と読み替えるのです．これによって，大きさや形を考えずに，物体の運動を捉えることが可能になったのです．

多粒子系

広がりのある物体の概念を復活させるにはどうすればよいでしょう．簡単です．質点をたくさん寄せ集めればよいのです．部分的な要素を統

---

9)　ラザフォードの言葉を借りれば「1 枚のティッシュペーパーめがけて 15 インチ砲弾を打ち込んだところ，それが跳ね返ってきた」ような事態であった．

合することで全体を再構成するのです（積分の発想）．質点どうしは互いに相互作用で結びついています．相互作用し合う粒子の集団を**多粒子系**と呼びます．多粒子系を扱う場合，本来ならすべての質点に対する運動方程式をすべて書き上げて解かねばなりません．これは実質的に無理な相談です．しかし，相互作用には作用反作用の性質があります．このおかげで，相互作用はシステム内部で閉じてしまいます．人々の集団が，集団内部だけで手をつなぎ合っていれば外界から分離できるのと同様です．この結果，システム全体の運動量や角運動量，エネルギーというものが，とても捉えやすくなります．また，システム全体の運動を重心の運動と重心のまわりの運動に分けて考えることが可能になります．

暗黒物質

　運動方程式を多粒子系に適用することで意外な結果が得られた例に，宇宙の暗黒物質の提唱があります．1933 年，ツビッキは多粒子系の運動方程式を統計的に扱うことで得られる関係式（ビリアル定理）を用い，かみのけ座銀河団の質量を推定しました．それを銀河団の光度から得られる質量と比較したところ，約 400 倍もの食い違いが見出されたのです．この結果に基づいて，宇宙空間に光学的には見えない物質，暗黒物質が存在するというアイデアが出されました．

剛体

　形の変わらない固い物質，つまり**剛体**も，多粒子系の一種と考えることができます．5.1 節で述べたように，剛体の場合，すべての部分が一斉に運動します．この点に着目すると，転がるボールやコマの運動，人工衛星の姿勢制御などを，重心と重心まわりの回転運動に分けて議論することができます．重心運動では運動量，回転運動では角運動量が主役

です.

弾性体

　剛体の次に複雑な力学システムが弾性体です. 固い鉄の塊も，大きな力を加えれば変形します. 地殻を伝わる地震波は，固い岩盤を振動が伝わる現象です. これは，地殻が完全な剛体でないことの証です. これらの物質では，構成要素が本来の持ち場（安定位置）のまわりで小さく変形できます. そして，変形後はもとに戻ろうとします（復元）. これが振動です. 復元の性質をもつ物体が弾性体です. 運動方程式は，もちろん弾性体にも適用できます. 構成要素の安定位置のまわりでの振動は，近似的に単振動として扱えます. ただし，構成要素どうしは電気力を起源とする力（分子間力）でつながっています. この点を考慮すると，弾性体中を波が伝わる様子を運動方程式で記述することができます. ギターの弦の振動や地震波の解析もこのようにしてなされます.

流体

　弾性体よりさらに厄介なのが流体です. 流体の構成要素，例えば液体状態の水の分子には，そもそも安定位置がありません. さらさらと大きく流れていきます. 全体が静止した流体については，すでにアルキメデスが詳しく考察しています. 例えばアルキメデスの原理は，水に沈めた物体に働く浮力についての法則です. 浮力は本来，水の分子1個1個が物体に衝突し，その反作用が重なった力です. この個別の衝突を平均化することで，圧力の概念が生まれます. 浮力は，水が物体に与える圧力の総和です. 流体の一部を仮想的に切り取って，そこに働く圧力を考え，切り取った塊の密度と速度を使って運動方程式を書くことができます. これが流体力学の基礎となります.

ソフトマター

　以上で述べた粒子，粒子の集合としての剛体，復元性をもつ弾性体，塊の移動で捉えられる流体を総合したような物質群として，ソフトマターがあります．たくさんの原子が結合した高分子，液体と固体の中間の性質をもつ液晶，微粒子が液中に散らばったコロイド，タンパク質などの生体物質，固いのに内部で原子がランダムに分布するガラスなどが例としてあげられます．ソフトマターは身近な現象と直結していますが，運動方程式だけで解析するには複雑すぎ，熱力学や統計力学といった全体を統計的な平均値で捉えるアプローチで描き切れるほど大規模でもありません．また，常に変化を続ける非平衡現象としての視点も重要になります．スーパーコンピュータを駆使した大規模なシミュレーションと基本法則を組み合わせることで，ソフトマターの挙動を解明する研究が今日活発に進められています．

　強調したいことは，古典力学は現在もなお生命力をもった生きた古典であるということです．決して物理学における"古語"ではないのです．

6 | 熱的自然観への道

松井哲男

《目標＆ポイント》　熱の科学，すなわち熱力学は，産業革命から得られた人類の経験と知恵の集積から生まれました．それは，私たちが直接見ることができない物質の成り立ちに関する理解と関係しており，力学的自然観に対置する熱的自然観というものをつくりました．そして，やがて原子論と結びつき，統計力学によって力学的自然観に統一する努力が続けられていきますが，熱的自然観は複雑な現象を経験則によって直接記述する方法として，今日でも重要な役割を果たしています．この章では，その基礎に立ち返り，熱力学の第1法則の発見に至るまでの過程を解説し，最後にそれを使って大気現象（雨や風などの原因）を考えます．

《キーワード》　熱の本性と熱力学，蒸気機関，気体の法則，温度と圧力，気体の分子運動論，熱力学の第1法則，エネルギーの保存則，状態量，内部エネルギー，気体の熱容量，気体の断熱膨張と断熱圧縮，大気の熱力学

6.1　熱とは何か？

　人類と熱現象との出会いは古く，火を使って食物を熱したり，体の汚れを火で温めた水で落として清潔に保つことなど，長く日常生活で利用されてきました．これは，人間を他の動物から抜きん出た存在にした理由の1つであったと思われます．しかし，熱のもとである火は，すべてのものを焼き払うことから，畏怖や崇拝の対象となりました．自然を客観的に理解しようとした古代ギリシャ人は，火を，自然を構成する元素の1つと考えていたといわれています．

　火や熱の本性について科学的に理解をすることができるようになった

のは，18 世紀にイギリスで蒸気機関が発明されてからです．それは，熱が仕事に変換できることを意味しました．ただ，それがすぐに理解されたわけではありません．最終的に，それは熱力学の第 1 法則，すなわちエネルギーの保存則として理解できることがわかりましたが，それには長い試行錯誤が必要でした．そのころ，フランスでは化学者ラボアジエによって燃焼は酸化現象であることが理解されていましたが，熱はまだ熱素（カロリーク）と呼ばれる元素が担っていると考えられていました．今日，食品にカロリーという言葉が用いられていますが，それはこの名残です．この説は，19 世紀の初めまでフランスでは影響をもち，熱力学の第 2 法則の発見者となったカルノーもそれを信じていたといわれます．これが理由で，熱力学の第 2 法則が，第 1 法則の発見より先んじたといわれています．

　体系化された熱の科学は，今日，熱力学と呼ばれています．この言葉は，熱力学の基本法則の発見者であるイギリス人のウィリアム・トムソン（のちのケルビン卿）が使っていたといわれていますが，熱学と力学をハイフンでつないだ言葉であったようです．力学（動力学）はニュートンによってつくられたといわれていますが，ケルビン卿は熱学を力学を使って理解しようとしていたようです．それには，すべての物質は力学によって記述されるたくさんの原子からできているという考えが必要です．これは力学的自然観と呼ばれ，古代ギリシャ時代の哲学者のアトミニズム（原子論）に由来すると考えられています．熱と仕事の等価性は，その変換率である熱の仕事当量の測定により，定量的に確立しました．

　熱力学には，第 1 法則だけではなく，もうひとつ第 2 法則という重要な経験則があります．これは，実際に起きる自然現象には時間の向きがあることを意味し，それは力学の原理だけから説明することが難しく，力学的自然観に対し熱的自然観と呼ばれる体系をつくっています．この章

では，熱力学の第1法則の確立までの話を歴史に沿って解説し，それを使って，大気現象（気象）への応用を考えます．熱の本性の理解には第2法則が必要ですが，それは第7章で扱います．

6.2　蒸気機関の仕組み：熱の仕事への変換

　では，まず産業革命の原動力となった蒸気機関の仕組みの分析から始めようと思います．蒸気機関は，水を火で熱することにより沸騰させて，その膨張によって，水蒸気が圧力を通してする仕事を利用したものです．したがって，結果的に火から供給される熱が仕事に変えられる装置ということになります．図6.1にその概念図を描きました．

　ここでは，水に熱を加えることによって水の沸騰が起こるという現象と，圧力膨張によって水蒸気に仕事をさせるという，2つのよく知られた現象が組み合わされて利用されていますが，どちらも熱力学の対象となる現象です．

　水が沸騰して水蒸気になる現象は相転移と呼ばれています．例えば，圧力が1気圧のときは摂氏100度で水は沸騰し水蒸気に変わります．これは，液相・気相相転移の例です．同様に，水を冷やしていくと摂氏0度で氷になります．これは冬の日常生活でよく経験している現象ですが，

これも相転移で，固相（氷）と液相（水）の間の相転移となります．これを使って最初の熱量計（カロリー計）がつくられました．

　膨張によって仕事を終えた水蒸気は冷やされてまた凝縮し，もとの水に帰ります．これは復水と呼ばれます．このとき水蒸気の収縮が起きる

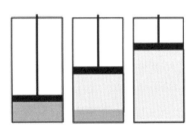

図 **6.1**　水に熱を加えると気化して膨張し，ピストンを押し上げる．

のですが，今度は水蒸気に仕事がされることになります．水蒸気にされる仕事は，膨張によって外にする仕事との差が，外に取り出された仕事の量を与えます．したがって，蒸気機関が熱を仕事に変えるには，水蒸気が膨張するときにする仕事が，収縮の際の仕事を上回る必要があります．ここで，水蒸気をさらに熱したとき，その温度と圧力がどう変わるかという問題に遭遇します．次に，水蒸気の温度と圧力がどういう関係にあるかを考えてみましょう．

6.3 温度と圧力：気体の法則から

経験的に，温度はその変化によって物質が膨張したりする性質を使って測っています．温度計には，色のついたアルコールや水銀が使われていますが，どちらも液体です．温度計で測った温度は**経験的温度**と呼ばれていますが，ここでは気体の法則を用いた温度の定義と圧力について考察します．

まず，気体の法則については，経験的にある領域に閉じ込められた気体の体積と圧力は，気体の温度によって決まるという，ボイル-シャルルの法則が知られています．皆さんもすでにどこかで聞かれたことがあると思います．それが温度によるのですが，この関係を使って温度 T を定義することができます．

$$pV = nRT \tag{6.1}$$

ここで，左辺に現れる気体の圧力 p と体積 V のそれぞれの単位は力学の MKS 単位系で決められています．圧力は，気体を閉じ込める壁の単位面積当たりに働く力の大きさで，その単位は N/m^2，体積は m^3 です．したがって，左辺は，$N \cdot m$ という単位になり，これは仕事（エネルギー）の単位になります．

右辺に現れる n は気体のモル数，R は気体定数と呼ばれ，

$$R = 8.23 \quad \text{J/(K·mol)} \tag{6.2}$$

と気体定数をとると温度の単位が決まり，K はケルビンと呼ばれています．このように気体の法則を使って決められた温度は，私たちが温度計を使って経験的に決めている経験的温度と 1 対 1 対応し，1 気圧の下での水の氷点（摂氏 0 度）は 273 K，水の沸点（摂氏 100 度）は 373 K で与えられます．

実は，熱力学では物質の性質によらないで温度を決めることができます．その方法は次の章で説明しますが，そのとき決められる温度は熱力学的絶対温度と呼ばれています．温度の単位ケルビンは，その方法を考案したケルビン卿からきています．ここで，気体の法則を使って導入した温度は，ケルビン卿が定義した温度と気体の法則が厳密に成り立てば一致します．

圧力 p と，体積 V，そして温度 T は状態量と呼ばれ，気体の熱力学的な性質を一意的に決めるパラメータとなっています．関係式 (6.1) は気体の状態方程式とも呼ばれ，この 3 つの状態量の間の関係を与え，2 つが決まればもうひとつの状態量も一意的に決まることを意味します．

気体の状態方程式 (6.1) は，ほとんどの気体の性質をよく表すことが知られています．その理由は，気体がたくさんのランダムな熱運動をする分子の集団であるとすると，説明ができます．次に，気体の分子運動論によって，ミクロな分子の力学的な運動から，気体の状態方程式がどのように成り立つのか，そのとき，温度とは力学的にどういう意味があるのか，考えてみましょう．

6.4　気体の分子運動論：力学的自然観との接点

　気体の分子運動論によって，気体の法則の力学の原理からの導出を考えてみましょう．いま，気体を箱の中に閉じ込められた熱運動するたくさんの分子からなると考えると，気体が壁に及ぼす圧力は，単位時間当たりに壁に衝突することで運動量を明け渡す，たくさんの気体粒子の運動によります．

　気体分子の熱運動はランダムで等方的だとします．いま，x 軸の方向に垂直な壁に衝突する気体分子が，壁に単位時間当たり，単位面積当たりに明け渡す運動量の和が圧力となりますから，

$$p = \left\langle \frac{\rho v_x}{2} \Delta p_x \right\rangle = \left\langle \frac{N v_x}{2V} 2m v_x \right\rangle$$
$$= \frac{N}{V} \langle m v_x^2 \rangle$$

ここで，気体の粒子密度 ρ を気体の粒子数 N と，容器の体積 V を使って，$\rho = N/V$ と表し，この密度の半分の気体粒子が x 軸に垂直な壁に衝突すると，その運動量の x 方向の運動量成分が反対向きになるので，

その差の運動量 $\Delta p_x = 2m v_x$ が壁に明け渡されるとしました．気体分子の質量を m とし，記号 $\langle \cdot \rangle$ は平均を表します．

　この結果を，両辺に気体の体積 V をかけて変形すると，

$$pV = N \langle m v_x^2 \rangle$$

が得られます．気体粒子の数 N は，モル数 n にアボガドロ数 N_A をかけたも

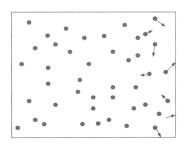

図 6.2　気体を，ランダムに運動するたくさんの小さな分子の集団とみなすと，個別の分子と壁との衝突によって圧力が生まれる．

のであり，粒子の運動の等方性から

$$\langle mv_x^2 \rangle = \frac{1}{3}\langle m(v_x^2 + v_y^2 + v_z^2)\rangle = \frac{2}{3}\left\langle \frac{1}{2}mv^2 \right\rangle$$

が得られます．したがって，気体分子の並進運動の運動エネルギーの平均値 $\epsilon_K = \langle \frac{1}{2}mv^2 \rangle$ を使うと，

$$pV = \frac{2}{3}nN_A\epsilon_K$$

が得られます．

この結果を，経験則から得られた気体の状態方程式 (6.1) と比較すると，気体の温度 T は分子運動のエネルギーと比例関係にあり，

$$\epsilon_K = \frac{3}{2N_A}RT = \frac{3}{2}k_BT$$

という関係が得られます．ここで，気体定数 R をアボガドロ数で割った定数，

$$k_B = \frac{R}{N_A}$$

は，ボルツマン定数と呼ばれ，経験的な温度を粒子の運動エネルギーに変換する役割を果たしています．係数 $3/2$ の存在は，1 自由度当たりの運動に，エネルギー $k_BT/2$ が，3 つの運動の自由度に等配分されることを意味します．これはエネルギーの等分配則として，統計力学の原理になりました．

気体粒子が 1 つの原子からなる単原子分子の場合は，気体の全エネルギー U は気体粒子の運動エネルギーの和で与えられますから，

$$U = N\epsilon_K = nN_A\frac{3}{2}k_BT = \frac{3}{2}nRT$$

となり，温度に比例します．空気中の酸素や窒素のように 2 原子分子の場合は，個々の分子の対称軸に垂直な回転運動にもエネルギーが等分配されると考えると，気体の全エネルギーは，

$$U = \frac{5}{2}nRT$$

となります.

　このように気体のエネルギーは，ランダムに熱運動する気体粒子のもつエネルギーとみなすことができます．水のような液体や，氷のような固体の場合は，水分子間に働く力を無視できませんから，このように簡単には計算できません．その場合は，熱力学では物質の内部エネルギーを考えますが，これは粒子間の相互作用のエネルギーも加えたものになっています．その場合も，エネルギーの保存則は成り立ち，熱力学の第 1 法則と呼ばれます.

6.5　熱力学の第 1 法則へ：エネルギーの保存則

　熱力学第 1 法則は，熱をどう考えるかという問題と絡んでいます．かつては，熱というのはカロリークという保存量と考えられていました．しかし，それに疑問をもった人はたくさんいました．例えば，南ドイツのバーバリアの軍事顧問としてミュンヘンの兵器廠<ruby>兵器廠<rt>へいきしょう</rt></ruby>で働いていたアメリカ生まれのイギリス人であるベンジャミン・トンプソン（ランフォード伯）は，大砲の筒に穴を掘るときに摩擦によって多くの熱が発生することに気がついていたといわれます．彼は熱量と仕事のおおよその関係を求めていますが，結局，熱力学の第 1 法則の発見者は，熱と仕事の変換則を定量的に決めた，イギリス人のジェームズ・ジュールとドイツ人のロベルト・マイヤーとなりました.

　ジュールは酒屋の息子だったそうですが，家業で使っていた器具を利用して，力学的な仕事によって水の温度がどのくらい上がるかを生涯かけて繰り返し計測し，熱の仕事換算率を，

$$1 \text{ cal} = 4.18 \text{ J}$$

と決めました．ここで，水の熱容量を $C = 1$ cal/K としています．一方，マイヤーは，気体の等積熱容量と等圧熱容量の差を使って，この関係式を求めたといわれています．気体の等積熱容量 C_V と等圧熱容量 C_p の差が，C_p が気体の膨張に伴う仕事の分だけ大きくなり

$$C_p - C_V = nR \tag{6.3}$$

はマイヤーの関係式と呼ばれています．ここで 2 つの熱容量は，気体の温度を決まった温度だけ上げるためにどれだけの熱を加える必要があるかで決まり，その差（右辺）は，R は気体定数であり pV と同じ単位で測定できますから，熱量（左辺）と仕事（右辺）の関係が求まります．この 2 人の結果が同じ値となったことから，熱量と仕事の相互変換性が確立し，同じ単位で測ることができることになったのです．

　系に加えられる熱量を Q と書き，仕事を W とすると，内部エネルギー U の変化 ΔU は一意的に決まり，

$$\Delta U = Q + W \tag{6.4}$$

で与えられます．ただしこの関係式で，Q と W は同じ単位で測っています．これが第 1 法則で，これはエネルギーの保存則を意味します．

　気体の場合は，気体の膨張による内部エネルギーの変化が，外にされた仕事に一致します．その結果，この気体に熱を加えなければ，その温度と圧力が膨張によって減少するという結果がもたらされます．この過程は断熱膨張と呼ばれますが，その逆も起こります．すなわち，熱の供給を遮断しても，気体を圧縮すれば，仕事が気体の内部エネルギーに変わり，気体の温度や圧力が増加します．

　液体や固体の場合には，物質の体積はあまり変わりませんから，外にする仕事はあまりありません．この場合は，物質に加えた熱量はほとん

どがそのまま内部エネルギーとして蓄えられます.

6.6 気体の断熱膨張と断熱圧縮

気体の分子運動論で,気体のもつエネルギーは温度の関数になることを示しました. このことは,分子運動論によらないで,観測結果からジュールによって得られています. ここではその詳細は省きますが,一般には,物質は体積変化によって温度が変わります. ジュールは,気体の膨張が外に仕事をしない場合,気体の温度も変化しないことを実験で示しました. この結果をまとめると,

$$\Delta U = C_V \, \Delta T \tag{6.5}$$

と表すことができます. ここで, C_V は定積熱容量と呼ばれるもので,気体の分子運動論では,単原子分子に対し $C_V = 3nR/2$, 2 原子分子の場合は $C_V = 5nR/2$ となり,どちらも気体の温度や体積によらない定数値をとります.

気体の膨張や収縮が断熱過程として起こった場合,温度変化がどうなるか考えてみましょう. ここで,断熱過程というのは外界と熱のやりとりがないことをいいます. ただし,膨張でも圧縮でも,気体はその圧力で仕事をしたり,仕事をされたりしますので,そのとき内部エネルギーは変化します. これは,気体の温度が変化することを意味します.

断熱過程で気体の体積変化を ΔV とすると,気体が膨張によってその体積が ΔV 変化するとき,気体が外にする仕事はその内部エネルギーの減少となり,

$$\Delta U = -p \, \Delta V \tag{6.6}$$

で与えられます. (6.5) と (6.6) を結びつけると,

$$C_V \Delta T = -p \Delta V \tag{6.7}$$

となりますが，ここで気体の状態方程式 (6.1) を使って，気体の圧力 p を温度 T と体積 V で書くと，

$$C_V \Delta T = -\frac{nRT}{V} \Delta V$$

すなわち，

$$C_V \frac{\Delta T}{T} = -nR \frac{\Delta V}{V}$$

が得られます．

　ここで少しテクニカルになりますが，両辺において ΔT や ΔV が十分小さければ，両辺をそれぞれ温度 T と体積 V で積分することができ，

$$\int \frac{1}{x}\,dx = \ln x$$

という積分公式を使って，さらに自然対数 $\ln x$ の公式

$$a \ln x = \ln(x^a)$$

を使うと，

$$T \propto V^{-nR/C_V}$$

という関係が得られます．これが，断熱過程で体積 V が変化したとき，温度がどう変わるかを表します．

　これは，膨張すれば温度が下がることを示す式ですが，もし，膨張において圧力が一定に保たれれば，気体の状態方程式 (6.1) によって，温度は体積とともに増加しな

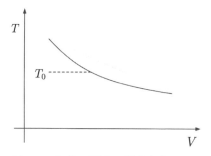

図 **6.3**　**気体の温度の断熱変化**　途中で相転移が起こると，体積が小さくなっても温度は一定に保たれる．

ければなりません．実際には，膨張の際に圧力は低下し，膨張によって温度は下がるのです．膨張するとき，気体の圧力が外に仕事をするため，その分，気体の内部エネルギーは減少します．気体の温度はその内部エネルギーに比例しますから，気体の断熱膨張によって下がらないといけないのです．逆に，気体が断熱的に圧縮されると，気体の温度は上がることになります．この関係式はそれも表しています．

同様に，気体の状態方程式 (6.1) とマイヤーの関係式 (6.3) を使うと

$$T \propto p^{nR/C_p}$$

ということがわかります．つまり，断熱膨張（収縮）では圧力上昇（下降）とともに温度が上昇（下降）することを意味します．このことは，次の大気温度の高度依存性を求めるところで使います．

状態方程式 (6.1) を使って，温度 T と体積 V の関係式を，圧力 p と体積 V の間の関係式に書き直すこともできます．

$$p \propto V^{\gamma} \tag{6.8}$$

ここで，

$$\gamma = C_P/C_V \tag{6.9}$$

は，定圧熱容量 C_p と定積熱容量 C_V の比ですが，マイヤーの関係式 (6.3) から前者の方がいつも大きいので，気体の圧力は断熱過程により体積の逆数より変化が大きく変化することに注意してください．この効果は単分子原子の気体のとき最も大きく，分子が複雑になるにつれて小さくなります．(6.8) はポアッソンの式と呼ばれています．

大気の場合は，窒素分子や酸素分子のような 2 原子分子が主な成分で，わずかにアルゴンという単原子分子が混じっていますので，この γ の値は 1.41 になります．ただし，実際には水蒸気や二酸化炭素が混じってい

122

るので，γ の値はもっと 1 に近づくようです．次に，この結果を使って，大気現象を考えてみます．

6.7 大気の熱力学

　私たちの住む地球は大気の層によって覆われています．地表から 10 キロくらいまでは対流圏と呼ばれ，太陽光によって地表で暖められた空気が循環しています．大気は熱伝導率が小さい流体と考えることができ，断熱膨張して上昇すると温度が下がり，その中に含まれている水蒸気が凝結すると雲となり，成長した水滴や氷は雨や雪を降らせます．この上昇気流のある領域は低気圧と呼ばれます．別の場所では，乾燥した空気が降りてきて温度が高くなります．地表ではこの領域は高気圧となり，大気の対流が低気圧の方に起きます．それが風が吹く原因となります．

　このように，対流圏では，大気の循環によって，昼間に太陽光から供給されるエネルギーが地表をまんべんなく暖めています．夜になると，地表から放出される熱放射（電磁波）によって地表は冷えます（放射冷却）が，それがまた大気循環の原因となります．こうして，対流圏では，大気の複雑な循環が起き，これが気象の原因となります．

　乾燥した空気は高度が上がるにつれて圧力は低下し，温度が下がりますが，大気の平均的な温度勾配は気体の断熱過程を使って計算できます．大気は高度が上がるとその圧力が下がりますが，これは大気に働く地球の重力を支える力が圧力勾配になっているためです．圧力に勾配がなければ，力が働かないことに注意してください．この

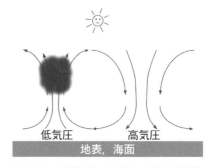

図 6.4　対流圏における大気の循環

大気に働く重力と圧力勾配のバランスのことを，**流体静平衡**と呼びます．
静力学の流体版と考えてください．これを式で書くと，

$$\Delta p = -g\rho(h)\,\Delta h \tag{6.10}$$

となります．ここで，大気の圧力 p も大気の密度 ρ も標高 h の関数となり，重力加速度 g は h に依存しないと考えています．

　大気の状態が高度 h によって断熱的に変化するとき，温度がどう変わるか考えてみましょう．大気の温度と圧力の間には，前節で求めた関係があります．つまり，

$$\Delta T = \frac{nR}{C_p}\frac{T}{p}\,\Delta p = \frac{V}{C_p}\,\Delta p$$

ここで，気体の状態方程式，$pV = nRT$，を使いました．最後の表式に大気の流体静平衡の式 (6.10) を使うと，

$$\Delta T = -\frac{V}{C_p}g\rho(h)\,\Delta h = -\frac{gM(h)}{C_p}\,\Delta h \tag{6.11}$$

ここで，体積 V の大気の質量を M としました．したがって，C_p/M は大気の単位質量当たりの定圧熱容量を意味します．この値はマイヤーの関係式 (6.3) を使うと大気の γ の値を使って，

$$\frac{C_p}{M} = \frac{\gamma}{\gamma - 1}\frac{nR}{M}$$

と表されます．気体定数 R の値と空気 1 モルの質量 $M/n = 28.8 \ \mathrm{g/mol}$ を使うと，

$$\Delta T/\Delta h = -9.7 \times 10^{-3} \ \mathrm{K/m} \tag{6.12}$$

が得られます．つまり，晴れた日には約 100 m 登るごとに約 1 度気温が下がることを意味します．これは，私たちの日常的な経験と一致します．

曇った日や雨の日には，γ の値は 1 に近づくため，この温度変化は小さくなります．

　大気中ではさまざまな複雑な現象が起き，それは気象学という分野を形成していますが，その基礎には大気の熱力学があるのです．

7 | エントロピーと自然現象

松井哲男

《**目標＆ポイント**》　熱力学の基本法則は，エネルギーの保存則（第1法則）とエントロピーの増大則（第2法則）からなっています．第1法則は力学の基本法則から理解しやすいのですが，第2法則は熱力学特有の法則で，いまだに力学法則からどうやって理解するか，いろいろな議論があります．しかし，この2つの基本法則からできた熱力学は，この世の森羅万象を説明するうえでその有効性が試されてきており，現在，人類が直面する環境問題を理解し，その解決策を探るうえでも重要性を増しています．この章では，熱力学の第2法則に焦点を当てて，その基礎をわかりやすく解説し，現代社会でのその新しいチャレンジを考えます．

《**キーワード**》　熱力学とエントロピーの役割，熱機関の効率，カルノーの定理，ケルビン卿と絶対温度，クラウジウスのエントロピー，エントロピーと状態量，熱力学の第2法則，エントロピー増大則，エントロピーと環境問題，エントロピーとは何か？

7.1　熱力学とエントロピーの役割

　熱力学は抽象的で理解するのが難しいとよくいわれます．その第1法則はエネルギー保存則なので直感的に理解しやすいのですが，問題は第2法則にあります．第2法則は，第1法則が満たすどのような現象も実際に起こるわけではなく，そのうちのある現象しか実際に起こらないことを意味します．第2法則は，その条件である選択則を意味し，いろいろな定式化があります．そのうちの1つがエントロピー増大則です．エントロピーという量はクラウジウスによって導入されましたが，統計力学でもその意味づけがたくさんあります．おそらく，それがこの量を理

解する難しさを象徴しているようです．この章では，エントロピーという量が熱力学に導入された経緯を説明し，熱力学の第2法則の意味を考えたいと思います．

　第2法則は時間の向きを決めるので，純粋に力学の原理からは理解することができなく，熱力学を独自に特徴づける特別な経験則となっています．ただ，エントロピーの熱力学での役割は時間の矢を決めるだけでなく，物質の内部状態を決める重要な役割を果たしており，時間の矢の問題（エントロピーの増大則）とは区別して，その役割を理解しておく必要があります．実は，エントロピーという量は，温度と一緒に導入されました．

　熱力学の本来の役割は時間とは直接関係なく，平衡状態（時間的に変化しない状態）における物質の内部状態をどう記述するかという問題でした．そのとき熱力学で使われる変数が，圧力，体積，温度などの物理量で，熱力学の専門用語として状態量と呼ばれます．第1法則で導入された内部エネルギーも状態量であり，エントロピーは第2法則に関連して温度とともに導入された状態量です．第1法則がエネルギー保存則として理解される以前に保存量と考えられていた熱量は，この状態量ではありません．仕事も熱から供給できるので保存量となりませんが，その代わり，内部エネルギーという保存量が定義でき，それがもう1つの状態量となりました．不可逆変化があるとエントロピーは保存されませんが，時間変化のない熱平衡状態を記述するために必要な状態量の1つとなっています．

　時間変化を扱う熱力学の拡張は非平衡熱力学と呼ばれ，とたんに難しくなります．純粋な力学の原理だけから扱うことはできず，何がしかの統計的な扱いが必要となります．いろいろな定式化がありますが，ここではその問題には立ち入りません．あくまで熱力学の枠内で話を進めた

いと思います.

7.2　熱機関の効率とカルノーの考察

　第 2 法則の発見者となったサディ・カルノーは, 第 1 法則を知らず, 熱量をまだ保存量と考えていました. 彼はフランス革命のときにつくられたエコール・ポリテクニクで学び, 技術将校となっています. 彼の家はフランスの名家で, のちにはフランス大統領も出しています. 彼のお父さんラザール・カルノーは著名な数学者でしたが, ナポレオンの大臣になって運命をともにしています. サディ・カルノーは 1823 年に熱機関の効率に関する論文を自費出版し, その中でカルノー機関という最も効率の高い熱機関を構想し, のちに熱力学第 2 法則と呼ばれる考え方を導入しました. 彼の論文はすぐには注目されなかったようですが, 彼が若くしてコレラで亡くなったのち, クラペイロンによって紹介され, 世に知られるようになります.

　カルノーは理論家で思考実験により最も効率の高い熱機関を考えています. ここで熱機関というのは, 2 つの温度の決まった熱浴, 高温熱浴と低温熱浴の間で熱を移動させることにより, 熱から仕事を取り出すサイクル運動をする装置のことをいいます. 彼は, 熱は保存量だと考えていましたから, ちょうど流れ落ちる水が水車を回して仕事をするように, 熱が高温熱浴から低温熱浴に流れて仕事をすると考えていたようです. 重要なことは, そのとき最も効率がよい機関は可逆で, その効率は, 2 つの熱浴がそれぞれ同じとき同じとなるということを思考実験で証明しました. これはカルノーの定理と呼ばれ, そのような可逆な熱機関はカルノー機関と呼ばれています.

　熱力学の第 1 法則を使うと高温熱浴から放出される熱量 Q_H は, その一部が仕事 W として取り出されるため, 低温熱浴に放出される熱量 Q_L

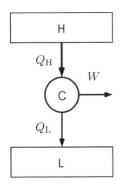

図 7.1　熱機関　高温浴槽（H）から熱量 Q_{H} を取り出し，その一部（W）を外界への仕事に変えて，残りを低温浴槽（L）に放出するサイクル運動をする装置.

とは,

$$Q_{\mathrm{H}} = W + Q_{\mathrm{L}} \tag{7.1}$$

の関係があり，必ず低温熱浴に放出される熱量 Q_{L} は Q_{H} より減少するはずです．カルノーの考察ではこうなっていませんでしたが，幸運にも，彼の定理の証明は間違っていなかったのです．その謎はあとで種明かししますが，ここでは第 1 法則に基づいて話を進めます.

　ここで，熱機関の効率 η とは，高温熱浴から取り出した熱量 Q_{H} のうち，どれだけ仕事として外に取り出すことができるかによって定義され，熱力学の第 1 法則を使うと,

$$\eta = \frac{W}{Q_{\mathrm{H}}} = 1 - \frac{Q_{\mathrm{L}}}{Q_{\mathrm{H}}} \tag{7.2}$$

のように，2 つの熱量の比を使って表すことができます.

　まず，カルノー機関，すなわち可逆な熱機関の具体的な例を説明します．カルノーはシリンダーの中にピストンで閉じ込められた**作業物質**を考えました．作業物質は熱を加えることによって膨張するものだったら何でもいいのですが，蒸気機関の場合は水と水蒸気の混合物と考えることができます．シリンダーは作業物質は通しませんが，熱は 1 つの面を通し

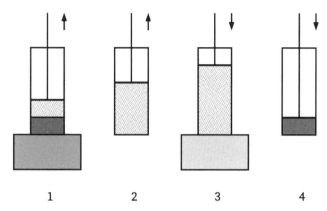

図 7.2　カルノー・サイクル　2 つの等温過程と 2 つの断熱
過程を繰り返す可逆な機関. 詳細は本文を参照.

て移行できると考えます. そして, 次の 4 つの過程を考えます (図 7.2).

1. まず, このシリンダーを高温熱浴に接して作業物質を温度 T_H で等
   温膨張させます. このとき, 高温熱浴から作業物質に熱量 Q_H を
   移します. ピストンは外に仕事をしますが, それを W_1 とします.

2. 次に, シリンダーを熱浴から切り離して断熱膨張させます. この
   ときピストンは仕事 W_2 を外にします. このとき, 気体であれば
   温度は下がり, その温度が低温熱浴の温度 T_L になったとき, シ
   リンダーを低温熱浴につけます.

3. 低温熱浴につけたシリンダーをピストンで温度 T_L で等温圧縮し
   ます. このとき, 外部からピストンを通して作業物質に仕事 W_3
   がされるとします. このとき, 作業物質からは熱量 Q_L が低温熱
   浴に移動します.

4. 最後に, またシリンダーを低温熱浴から切り離し, 作業物質を断
   熱圧縮して, このとき仕事 W_4 がされますが, 再びその温度を高
   温熱浴の温度 T_H にします.

これで，最初に戻り，この4つの過程をサイクル運動させます．

この過程はカルノー・サイクルと呼ばれています．1サイクルで，高温熱浴から熱量 Q_H を奪い，低温熱浴に熱量 Q_L を放出します．また，ピストンは外界に仕事 $W = W_1 + W_2 - W_3 - W_4$ を行います．

カルノーの考えたこの熱機関は，4つの過程を逆にサイクル運動させることもでき，可逆なサイクルになっています．通常のサイクル運動では，それぞれの過程で温度差が生じるため可逆にはなりません．カルノー・サイクルではどこにも温度差は生じないため可逆になるのです．

カルノーは，このような可逆な熱機関は最も効率のよい機関となることを論理的に証明します．すなわち，可逆なカルノー機関の効率はいつも一番高く，そのような可逆機関も2つの同じ熱浴で働けば，同じ効率になるということです．次に，この定理の証明を熱力学の第1法則と整合性をもたせて行います．それは高等数学を用いることなく厳密に行えますが，この部分は飛ばしても構いません．

7.3 カルノーの定理の証明

まず，もうひとつのカルノー機関 C′ を導入して逆運転し，最初のカルノー機関 C と連動した複合熱機関を考えます．図7.3にそれを描きました．ここで C′ というのがもうひとつのカルノー・サイクルです．逆運転しているので，低温熱浴から熱量 Q'_L を取り出し，外から仕事 W' をすることにより熱量 Q'_H を高温熱浴に吐き出すように働きます．ただし，熱力学の第1法則より，

$$Q'_H = W' + Q'_L \tag{7.3}$$

という制限がつきます．

この2つの可逆機関をこのように同時に運転して，さらに

$$Q_{\mathrm{H}} = Q_{\mathrm{H}} \tag{7.4}$$

となるようにすれば，高温熱浴は熱の出入りが打ち消し合って変化がありません．同時に，熱力学の第 1 法則の 2 つの条件から，

$$W' - W = Q'_{\mathrm{L}} - Q_{\mathrm{L}} \tag{7.5}$$

となります．すなわち，この複合熱機関に出入りする熱量は，外に出入りする仕事と一致します．したがって，もし逆運転させる熱機関 C′ の効率が最初の熱機関 C の効率より高ければ，

$$W' - W = Q_{\mathrm{H}}(\eta' - \eta) \tag{7.6}$$

ですから，この複合熱機関は低温熱浴から熱量 $Q'_{\mathrm{L}} - Q_{\mathrm{L}}$ を取り出して，それを全部仕事に変えたことになります．これは私たちの経験に照らして起こらないので，

$$\eta' \leqq \eta$$

となります．また，カルノー機関 C′ を正常運転して，最初のカルノー機

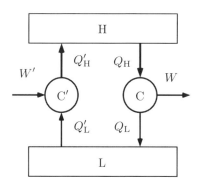

図 **7.3**　**複合熱機関**　2 つのカルノー機関 C，C′ を連動して，片方を逆運転させる．

関 C を逆運転することもできますから，この場合，同じ論理で逆の条件

$$\eta' \geqq \eta$$

が出てきます．この 2 つの条件を同時に満たすためには，

$$\eta = \eta'$$

とならなければなりません．つまり，2 つの可逆なカルノー機関の効率は同じであるということになります．新しい熱機関が可逆でないときは，2 番目の条件しか満たされないので，その効率は常にカルノー機関の効率より小さくならないといけません．これでカルノーの定理が証明されました．

　この証明は熱力学の第 1 法則，すなわちエネルギーの保存則を用いて行いました．この証明はケルビン卿によるものと思われます．カルノーは，熱量は水車を回す水のように保存される量と考えていたようですから，この証明を行っていません．カルノーの証明には，熱量が保存されるとしても成り立つ，違うやり方が必要ですが，それは $W' = W$ とするとできます．このときは，カルノーが想定していたように（間違っているので注意），$Q_{\mathrm{H}} = Q_{\mathrm{L}}$，$Q'_{\mathrm{H}} = Q'_{\mathrm{L}}$ としても，複合機関は $\eta' > \eta$ であれば熱 $Q'_{\mathrm{H}} - Q_{\mathrm{H}}$ を低温熱浴から高温熱浴に移すことになり，これは実際に起きませんから $\eta' \leqq \eta$ でなければならないことになります．同じことが 2 つのカルノー機関を逆運転してもいえますから $\eta' = \eta$ となり，カルノーの定理が証明されたことになります．

7.4 ケルビン卿と絶対温度

　ケルビン卿はカルノーの論文を読んで感銘を受け，カルノーとは違った方法で第 1 法則を使って証明を行いました．そのとき，彼の証明には第 1 法則だけでなく，もうひとつの原理が必要であることに気がつきました．それは，**熱をすべて仕事に変えることは不可能だ**，ということです．これは経験則で誰も疑う人はありませんでしたが，それほど自明なことではありません．彼はこれを熱力学の第 2 法則と呼ぶことにしました．この第 2 法則の定式化は，**ケルビンの原理**と呼ばれています．

　さらに，ケルビン卿はカルノー・サイクルを使って絶対温度が定義できることに気がつきました．温度は圧力と同様に物質の全体の量に依存しないで，熱平衡状態であれば，どこを測っても同じ値になります．逆に，量に依存しないことは，それを実際に計測できるように定義することの難しさを表しています．カルノーの定理には，熱機関の効率は高温熱浴と低温熱浴のそれぞれの大きさには関係なく，それぞれの温度だけで決まっており，高温熱浴から取り出す熱量 Q_H と低温熱浴に吐き出す熱量 Q_L の比が，熱機関の最大効率，すなわちカルノー機関の効率を

$$\eta_C = 1 - \frac{Q_L}{Q_H} \tag{7.7}$$

で与えるということでした．ケルビン卿はこのことを使って，2 つの熱浴の温度比を

$$\frac{T_H}{T_L} = \frac{Q_H}{Q_L} \tag{7.8}$$

と定義することを提案しました．このような条件を満たす温度は**熱力学的絶対温度**と呼ばれます．熱力学で使われる温度は，2 つの温度の比はこの条件が満たされており，さらに，その絶対値を水の三重点（固相，液相，気相が共存する温度と圧力）を，

$$T_{\mathrm{triple}} = 273.16 \text{ K} \tag{7.9}$$

と定義して決めています.

理想気体の絶対温度 [1]

実は,前章で気体の状態方程式を使って導入した温度もこの状態方程式が厳密に正しければ,この条件を満たします.実際,作業物質を理想気体とみなして,高温熱浴から等温過程で作業物質が受け取る熱量と低温熱浴に吐き出す熱量を実際計算してみるとわかります.

作業物質の気体が高温熱浴から等温膨張 1 によって吸収する熱量は,気体の温度が変わらないため,外にする仕事と同じにならなければなりません.したがって,

$$Q_{\mathrm{H}} = W_1 = \int_{V_1}^{V_2} p \, dV \tag{7.10}$$

ここで,V_1 と V_2 は膨張する気体の最初と最後の大きさです.気体の状態方程式を使うと

$$Q_{\mathrm{H}} = nRT_{\mathrm{H}} \int_{V_1}^{V_2} \frac{1}{V} \, dV = nRT_{\mathrm{H}} \ln\left(\frac{V_2}{V_1}\right) \tag{7.11}$$

が得られます.ここで,積分公式,

$$\int_{x_1}^{x_2} \frac{1}{x} \, dx = \ln\left(\frac{x_2}{x_1}\right)$$

を用いました.同様に,等温圧縮 3 で気体が低温熱浴に放出する熱量は,

$$Q_{\mathrm{L}} = -W_3 = -\int_{V_3}^{V_4} p \, dV = -nRT_{\mathrm{L}} \ln\left(\frac{V_4}{V_3}\right) \tag{7.12}$$

となります.ここで,気体は圧縮されているので仕事は外からされており,体積は小さくなっていることに注意してください.次に,前章で学習したように,断熱膨張 2 で温度変化は体積変化と

---

1) この部分は飛ばして読んでもかまいません.

$$TV^{nR/C_V} \tag{7.13}$$

が変わらないように変化しますから，V_3 は V_2 を使って

$$V_3 = V_2 \left(\frac{T_{\mathrm{H}}}{T_{\mathrm{L}}} \right)^{C_V/nR} \tag{7.14}$$

で与えられます．同様に，断熱圧縮 4 で

$$V_4 = V_1 \left(\frac{T_{\mathrm{H}}}{T_{\mathrm{L}}} \right)^{C_V/nR} \tag{7.15}$$

という関係があり，結局，

$$\ln \left(\frac{V_4}{V_3} \right) = \ln \left(\frac{V_1}{V_2} \right) \tag{7.16}$$

となります．したがって，2 つの熱量の比は，

$$\frac{Q_{\mathrm{H}}}{Q_{\mathrm{L}}} = \frac{T_{\mathrm{H}}}{T_{\mathrm{L}}}$$

となり，ケルビン卿の熱力学絶対温度の条件を満たしていることがわかりました．このため，理想気体の状態方程式を使って定義される温度は絶対温度と呼ばれます．

7.5　クラウジウスのエントロピー

　ケルビン卿はカルノー機関を使って絶対温度を定義しましたが，一般の機関ではカルノーの定理からその効率はカルノー機関より小さくなります．その場合，

$$\eta = 1 - \frac{Q_{\mathrm{L}}}{Q_{\mathrm{H}}} \leqq \eta_{\mathrm{C}} = 1 - \frac{T_{\mathrm{L}}}{T_{\mathrm{H}}}$$

ですから，これは一般の熱機関の場合

$$\frac{Q_{\mathrm{L}}}{Q_{\mathrm{H}}} \geqq \frac{T_{\mathrm{L}}}{T_{\mathrm{H}}}$$

あるいは,

$$\frac{Q_{\mathrm{H}}}{T_{\mathrm{H}}} \leqq \frac{Q_{\mathrm{L}}}{T_{\mathrm{L}}}$$

という関係を意味します．この関係をクラウジウスの不等式と呼びます．すなわち，高温熱浴から取り出される熱量をその温度で割ったものは，低温熱浴に吐き出される熱量をそのときの温度で割ったものより小さくなり，可逆なカルノー機関の場合だけ，この2つの量は等しくなります．クラウジウスは，この量を最初「換算熱」と呼んでいましたが，その重要性を強調するため，エネルギーと同じようにギリシャ語でエントロピーと名づけました．

　等温過程で移行するエントロピーは，移行する熱量を温度で割った

$$\Delta S = \frac{Q}{T}$$

で定義されます．断熱過程では熱の移動はなく，エントロピーも変化しません．可逆なカルノー・サイクルで高温熱浴から作業物質に移行するエントロピーと低温熱浴に吐き出されるエントロピーは変化しませんが，一般の熱機関ではクラウジウスの不等式により，後者の方が前者より大きくなっています．これがエントロピー増大則です．

　ここでまず重要なことは，任意の状態変化は，等温過程と断熱過程によって記述できるので，このエントロピーの変化も計算できるのですが，それは最初の状態と最後の状態だけで決まり，途中の変化の経路によらないことです．これは，エントロピーが状態量となることを意味しており，次のようにカルノーの定理を使って示すことができます．

エントロピーが状態量であることの証明

　いま，状態変化を，縦軸に
圧力を，横軸に体積をとった
p–V 図で考えてみましょう
（図 7.4）．この面上において，
状態 1 から状態 2 までの状態
変化でエントロピーの変化を
求めるには，状態 1 を通る等
温線と状態 2 を通る断熱線を
引き，その 2 つの線が交差す
る点を 3 とします．断熱過程
でのエントロピーの変化はあ
りませんから，状態 1 から状
態 2 までのエントロピーの変
化は，等温過程 1 → 3 でのエ
ントロピーの変化で与えられ
ます．つまり，

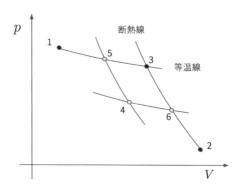

図 7.4　エントロピーは状態量　状態 1 か
ら状態 2 までのエントロピーの変化は，状態
1 から等温線を引き，状態 2 から引いた断熱
線との交点を状態 3 とすると，状態 1 から状
態 3 までの熱量の変化をこの等温線の温度で
割ったものになる．状態 4 を経由するように
ルートを変更してもこの値は変わらない．そ
の理由は本文を参照．

$$\Delta S_{1 \to 2} = \Delta S_{1 \to 3}$$

　この経路は特別な状態 3 を経由しますから，まだエントロピーの変化
が経路によらないということはわかりません．そこで，状態 3 を任意の
状態 4 を通る経路に変更してみます．それには，状態 4 を通る断熱線と
等温線を引き，それぞれとの交点を 5，6 とします．新しい経路を 1 →
5 → 4 → 6 → 2 ととれば，状態 3 を通るのを避け，その代わり状態 4 を
通ることができます．この経路は，断熱過程 5 → 4 ではエントロピーの
変化はなく，等温過程 4 → 6 でのエントロピーの変化は，等温過程 5 →

3 での変化と同じです. これは, 過程 5 → 3 → 6 → 4 → 5 が閉じたカルノー・サイクルになっているからです. したがって. この経路の変換でもエントロピーの変化は変わりません.

$$\Delta S_{1 \to 2} = \Delta S_{1 \to 5} + \Delta S_{4 \to 6} = \Delta S_{1 \to 3}$$

まだ, 補助的に導入した新しい状態 5, 6 を通らなければいけませんが, その代わりに通りたい状態を通るように経路の変形は可能です. 新しい状態を通る断熱線と等温線を引いて, 小さいカルノー・サイクルを描き, 新しい経路に沿ったエントロピーの変化が変わらないことを繰り返せばいいのです. したがって, この変更を繰り返せば, 結局どのような経路に沿ってもエントロピーの変化は変わらないことになります. これで, エントロピーが状態量になることが証明されました.

7.6　熱力学第 2 法則：エントロピーの増大則

前節で示したように, 熱力学の第 2 法則は, エントロピーを使うと, その変化は必ず増大するというように表現できます. これは, 低温物質から高温物質に熱が移行するということは自然には起こりえないことと同等です. これは, クラウジウスの原理と呼ばれていますが, それを式で表現したものが, クラウジウスの不等式であり, それはエントロピーの増大則を意味しました.

この原理は, ケルビン卿のいった原理と一見違ってみえますが, 同じものであるということを論理的に証明することができます. いずれにせよ, カルノーはそれを無意識のうちに使って, カルノーの定理を証明しました. カルノーが考えた（であろう）水車との対応関係でいうと, 重力により高いところから流れ落ちて水車に動力を与える水は, 熱機関では熱量ではなく, エントロピーに対応していることになります. 少なく

ともカルノー機関では，水と同じようにエントロピーは変化しませんが，一般の熱機関では，水と違ってエントロピーは増大します．温度はちょうど水の高低差と同じ役割を果たし，水が高いところから低いところに流れ落ちるように，熱も，高温熱浴から低温熱浴に流れるのです．その逆は，自然には起こりません．

　このようにクラウジウスが導入したエントロピーは，自然現象が起こる条件を特徴づけるのに役立っています．クラウジウスは，この法則を，

宇宙のエントロピーは増大する

と表現しました．

　これは，熱力学の第 2 法則は，時間の流れの向きを決める役割を果たしていることを意味しています．しかし，このことは熱力学の第 1 法則のように，力学の基本原理からは出てきません．力学の運動方程式は，時間の向きの変換に不変になっています．ニュートンが定式化した力学の原理からは，時間の流れの方向を決めることはできないのです．したがって，熱力学の第 2 法則は，力学の原理だけでは理解できない，非常にミステリアスな経験則と考えられてきました．

7.7　エントロピーとは何か？

　決定論的な力学でも，記述する系が非常に複雑な多粒子系になると，正確に未来を予言することはできなくなり，将来予測は実際のところ確率的になります．したがって，熱力学の第 2 法則には，この確率が関係しているようにみえます．

　エントロピーの問題に最初に挑戦したのはボルツマンでした．彼は，非平衡の気体分子運動論を使ってエントロピー増大則を力学の原理からどうやって導出するかを考えました．彼はそれにいったん成功したかに

みえましたが，結局，純粋に力学原理からは導出できなくて，統計的な仮説が必要であることがわかりました．

可逆過程で気体が膨張するときのエントロピーの変化を計算すると，

$$\Delta S = \frac{Q}{T} = nR \ln\left(\frac{V_2}{V_1}\right) \tag{7.17}$$

となります．つまり，このときの気体のエントロピーの変化は，気体の体積変化 $V_1 \to V_2$ の比の自然対数で与えられます．これは，熱平衡状態における気体のエントロピーが，

$$S = nR \ln\left(\frac{V}{V_0}\right) + S_0 \tag{7.18}$$

で与えられることを意味しています．

気体分子運動論で有名なボルツマンは，これを気体が任意の非平衡状態にあるときに粒子の分布関数を使って拡張し，その時間変化が常に増大することを示しましたが，彼の使った時間発展の方程式は，厳密に力学法則だけでは説明できない仮定を含んでいることがわかったのです．

ここで，熱平衡状態にある気体のエントロピーでもう1つのパズルを紹介します．これは混合のエントロピーと呼ばれる量に関係しています．混合のエントロピーは，2種類の気体を混合したときにエントロピーが増えることを意味しています．いま，仮に2つの同じモル数の気体（例えば，窒素と酸素の気体）があって，それを混ぜ合わせるとエントロピーは増えます．このとき，どれだけエントロピーが増えるか考えてみましょう．

体積 V を仕切りで半分ずつにして，それぞれの領域に違う気体が入っていたとします．この仕切りには力は働いていないことに注意してください．いま，仕切りを取り払うと，それぞれの気体は反対の領域に膨張して混ざり合います．それぞれの気体は体積が倍になっていますから，このときのエントロピーの変化は，

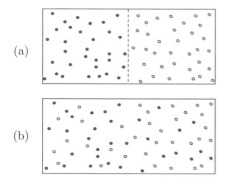

(a)

(b)

図7.5 混合のエントロピー 2つ
の半分の容積に閉じ込められた2種
類の気体を混合すると（(a) → (b)），
エントロピーは増大し，もとに戻すに
は仕事が必要．同じ種類の気体のと
きはエントロピーは変化しない．そ
の説明には量子力学が必要．

$$\Delta S = 2nR \ln 2 \tag{7.19}$$

で与えられます．実際，この2種類の気体は，自然にはもとの2つの違
う気体に分離することはありません．そうするには外から仕事を加える
必要があり，最低でもこのエントロピーを保存するために発生する熱量
$Q = T\Delta S$ の分の仕事を加える必要があります．これは第1法則（エネ
ルギーの保存則）と第2法則（エントロピーの法則）から出てきます．

　ここで，2つの気体が同じ場合はどうなるでしょう？このときは，真
ん中の仕切りを外しても何も変化しませんから，エントロピーも変化し
ないはずです．このパズルは，それに最初に気がついた人の名前をとっ
て，ギブスのパラドックスと呼ばれています．このパラドックスを解く
鍵は，時間の進む方向とは関係なく，量子力学の同種粒子の統計の問題
にあることがわかりました．

　ギブスのパラドックスのように，量子統計によって初めて理解が可能
となった問題もありますが，時間の矢の問題はやはり量子力学といえど
も答えは出せません．それは，量子力学の時間発展の方程式が，時間の
向きのとり方に対称になっているためです．したがって，時間の矢の問
題は，事象の起こる確率の問題と関係していると考えられています．

　自然に起こる現象の確率を使った記述は，われわれ観測者の自然認識の限界が背景にありますが，それはどのような簡単な系であっても現れることが知られています．これは，広い意味での観測問題ということになりますが，結局は，観測者が観測の対象となる自然から切り離されているところに，時間の矢の向きを決める原因があるのかもしれません.

7.8　エントロピーと環境問題

　最近，地球温暖化問題をはじめ，私たちを取り巻く環境の変化が，これまであったような人類の生活様式の継続を脅かすようになりました．これは環境問題といわれています．この問題は，エネルギー問題とも呼ばれています．これまで増加の一方であったエネルギー消費を，環境を破壊しないような再生可能エネルギーに変換することが社会的に求められているからです．しかし，この問題をよく考えてみると，熱力学の第1法則からエネルギーは保存されることが自然の法則であり，エネルギー自体には問題があるように思えません.

　例えば，最近話題となっている地球温暖化の問題は，大気中の二酸化炭素の量が工業化によって飛躍的に増大したことが原因だといわれています．二酸化炭素は温室効果ガスと呼ばれ，夜に地表から赤外線として放出される電磁波を吸収散乱させる効果があるため，その大気中の濃度が増えると地球が放射冷却によって冷えにくくなります．これが温暖化の原因ではないかといわれています．二酸化炭素は炭素の酸化反応でできますが，それが大気中に放出されると，大気の主成分と混じり，エントロピーを増大させます．大気中の二酸化炭素を取り除けばいいわけですが，それは第2法則の拘束のために，簡単にはできません.

　実は，大気中の主な温室効果ガスは水蒸気です．地球の表面の7割は海で覆われており，海水が太陽光を吸収して蒸発し，それが大気に混じっ

てきます．この水蒸気は凝結すると雲をつくり，それが雨や雪を降らせ
ますが，雲は地球が過剰に冷えるのを妨げていて，地表付近の気温を平
均して摂氏 15 度付近に保つ役割を果たしているといわれています．も
し，水蒸気がなかったら，地表の平均温度は摂氏マイナス 18 度という，
私たちが住みにくい環境になります．それに比較すると，大気中の二酸
化炭素は，数度の気温上昇をもたらしますが，それが気候変動のような
さまざまな異変の原因となっていると考えられているのです．

　水蒸気と二酸化炭素はどちらも熱力学の法則に従いますが，その大き
な違いは，水蒸気は大気の循環によって凝縮して雨や雪を降らし，大気
中にいつまでもとどまりませんが，二酸化炭素は 1 気圧で摂氏 −20 度に
ならないと凝結しないので，いったん大気に溶け込むと，植物による光
合成を除いて水蒸気のように大気の循環によって自然に除去されないと
いうことです．実際，ここ 100 年ほどは空気中の二酸化炭素の量は増え
続けているといわれています．

　地球温暖化が進むと，海水温が表面付近から上がり，さらに太陽光の
吸収により大気中の水蒸気の量を増やし，それがさらに温暖化の傾向を
加速する，正のフィードバック効果をもたらすと考えられています．大
気中の水蒸気の増大は，降水量の増加を招き，台風やハリケーンなどの
巨大化を招き，災害を増加させることが懸念されますが，それはすでに
起こっているといわれています．

　結局，空気中の二酸化炭素を減らすには，それを除去して大気のエン
トロピーを減らす必要がありますが，そうするにはエネルギーを消費す
る必要があります．これが，第 2 法則から出てくる帰結です．したがっ
て，注意をしないと地球の温暖化を一層進めることになりかねません．

　自然界では大気中の二酸化炭素は植物によって取り込まれ，光合成に
よって細胞をつくる高分子になっています．これは生命体による炭素固

定と呼ばれていますが，エントロピーを減少させるのに必要なエネルギー
は太陽光によって供給されています．人間は，過去の生命体によって固
定された炭素[2]を酸化させ，発生するエネルギーをさまざまな用途に用
いていますが，そのときにできる二酸化炭素が大きな問題源となってい
るのです．この問題の長期的な解決には，われわれの生活・生産様式の
改革を含む抜本的な改革が必要だと考えられていますが，そのときに熱
力学の果たす役割は，ますます重要になるでしょう．

---

2) 石炭，石油，天然ガスの起源については，もうひとつの違う説があります．地中
深いところにある炭素は地球が形成されたときからすでに存在し，炭素を含んださ
まざまな有機化合物は地殻変動によって地球内部で形成されたという説です．いず
れにせよ，地殻変動のエネルギーがこれらの地下資源の中に蓄えられていることは
確かで，その説明には，地球内部のエネルギーが関与していると考えられます（第
14章参照）．

8 | 電気と磁気の世界

松井哲男

《**目標＆ポイント**》 人類の電気や磁気との出会いは古代ギリシャ時代にさかのぼります．磁石は特に航海に役立ち，身近な現象となりました．地球が大きな磁石であることは，1600 年に出版されたギルバートの大著に書かれています．一方，静電気の現象もよく知られていましたが，雷が電荷の流れ（電流）であることはフランクリンによって 18 世紀中葉に発見され，電荷間に働くクーロン力の法則が定量的に理解されたのは 18 世紀の終わりでした．その後，ボルタによる電池の発明によって電流が人工的につくれるようになり，電気磁気現象の理解が急速に進みました．そして，19 世紀の半ばになってファラデーとマックスウェルによって，今日まで続く統一的な理解がもたらされました．この章では，電磁気学の歴史的な発展の経緯をたどって，その現象の現在の理解への導入とします．

《**キーワード**》 電気と磁気の起源，磁石と静電気，コンパスと地磁気の起源，電流と雷，電池の発明，電流の磁気効果，ファラデーとマックスウェル，電磁誘導の発見，力の場，コイルの自己インダクタンス，変位電流，マックスウェルの方程式，相対論と量子論へ

8.1 電気と磁気との出会い

　現在，人間社会は電気や磁気を至る所で利用しており，それがなければ日常生活ができない状態になっています．家庭用の電気製品はいろいろなところで使われており，ふだんはその依存性に気がつかないでいますが，停電になるとその恩恵を知ることになります．石油・天然ガスやガソリンの燃焼を使う暖房器具や車であっても，その燃焼の制御には電気製品が使われており，電力がどうしても必要です．また，通信に使わ

れている電磁波や光も生活の必需品になっています．このような状態がどのように生まれたのかということが，この章のテーマです．

　人類と電気や磁気との出会いは古く，その名称の由来も古代ギリシャにさかのぼるといわれています．磁石（マグネット）の語源は，その鉱石が採れたギリシャの北西にあるマグネシアという地域名からきています．また，電気は英語で electricity と呼びますが，布でこすると静電気をつくる琥珀（アンバー）のギリシャ語に語源があるといわれています．

　磁石は昔からコンパスなどに利用されて，航海などで太陽や夜の星座の位置がわからないときに，方角を知るのに役立ってきました．電気も自然現象で電流が発生することは知られていましたが，電荷には 2 種類あることは，電流の発生の原因として 18 世紀の半ばに発見されました．その基本法則であるクーロンの法則が得られたのは，さらにあとの 18 世紀末でした．それが，1800 年の電池の発明によって人工的に電流をつくることができるようになり，急速な電磁気現象の理解につながりました．

　電気や磁気の引き起こす現象は，最初，力の法則として理解されました．磁気は 2 種類の磁荷に働く力としてクーロン力と同じように理解されましたが，電流の磁気効果の発見によって，電流の間に働く力として理解されるようになりました．これはニュートンの重力の考え方に似ており，遠隔作用論と呼ばれます．ファラデーやマックスウェルは，電荷や電流が電場や磁場を生み出し，空間を伝わって違うところにある電荷や電流に力を及ぼすと考えました．これは近接作用論と呼ばれます．

　現在では，電磁気現象は近接作用論で理解されており，電磁場の基礎方程式はマックスウェル方程式で記述されています．マックスウェル方程式は電荷や電流がない真空でも波動解をもち，それは電磁波と呼ばれています．これは，一般には電波と呼ばれています．電波の伝わる速さは，一見，無関係な光速に一致することがわかり，光学も電磁気現象の

ひとつであることがわかりました.

　この章では，人類の電磁気現象の科学的理解を，歴史的にさかのぼっ
て今日的な観点から解説します.

8.2　磁石とは何か？コンパスと地磁気の起源

　磁石の引き起こす磁気現象に最初に科学のメスを入れたのはウィリア
ム・ギルバートというイギリス人でした. 彼は 1600 年に『磁石論』とい
う本をラテン語で書いて，それまで知られていた磁気現象を整理し，さ
らにその起源について考察しています. ギルバートは，当時のエリザベ
ス 1 世の主治医もしていた優秀な医師だったそうです.

　ギルバートは『磁石論』の中で，磁気は 2 種類の磁荷の間に働く力で，
彼はそれらを N 極，S 極と呼びました. N 極と S 極の間には引力が働
き，同じ極の間には斥力が働くとしました. コンパスもこの 2 つの極を
もち，北極を向く方を N 極，南極を向く方を S 極と呼びました. また，
彼は地磁気の起源として地球自体も大きな磁石と考えましたが，北極に
は S 極，南極には N 極があったことになります. ギルバートはこの本の
中で静電気の現象にもふれていますが，電気現象と磁気現象は違うもの
と考えていたようです.

　『磁石論』が書かれたのはアイザック・ニュートンが生まれる前です
が，ニュートンは 1687 年に出版された大著『自然哲学の数学的原理（プ
リンキピア）』の中で，磁気的な力についても少しふれています. ただ，
彼の導入した万有引力のような数学的な基本原理はまだわかっておらず，
天体現象にも関係しませんでした.

　あとでもう少し詳しく説明しますが，その後，電流が磁気効果をつく
ることがわかって，磁石は小さいループ電流が集まったものであるとい
う考えがアンペールというフランス人によって出されます. 電流の単位

であるアンペアは，彼の名前をつけたものです．アンペールは電流の間に働く力の法則を定量的に求めました．これはアンペール力と呼ばれています．

今日では，磁石の起源は物質の構成要素である電子が磁石であり，その間の力がその向きをそろえるように働くからと考えられています．その説明には電子の従う相対論的な量子力学が必要ですが，この理論は個々の電子が

$$\mu_\mathrm{B} = \frac{e\hbar}{2m_\mathrm{e}c} \tag{8.1}$$

という磁気モーメントをもつことを導きます．ここで，e と m_e はそれぞれ電子のもつ電荷と電子の質量で，c は光速，$\hbar$ は量子力学の基礎定数（プランク定数を 2π で割ったもの）を表し，この値はボーア磁子と呼ばれます．このボーア磁子の間に距離 r の 3 乗に反比例したアンペール力が働くからと理解してください．その具体的な形は，2 つのボーア磁子の相対距離だけでなく，それぞれの磁気モーメントの向きにも依存する複雑な形となりますが，強磁性物質では，この電子間に働く量子力学的効果によって電子の向きがそろい，強い磁気力が現れると考えられています．

ギルバートが考えた地磁気の起源である地球磁石は，今日では地球の中に電流が流れていて，それが地球磁場を作っていると考えられていま

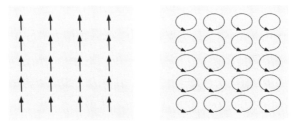

図 8.1　磁石とループ電流

す．これは「ダイナモ理論」と呼ばれています．

8.3　電流とは何か？雷の科学

　電流は電荷の流れです．静電気の発生は正負の電荷の分離によるものであり，やがて分離された電荷は電流が流れることによって中和されます．この認識は，雷が電流の流れであることの認識から生まれました．

　それを理論的に明らかにしたのは，のちにアメリカ独立の英雄となったベンジャミン・フランクリンだといわれています．彼は 1752 年に雷雨の中にたこを飛ばしてそれを確かめました．それを予言する論文を 1749 年にすでに発表したそうです．これは非常に危険を伴う実験で，実際にそれをやろうとして命を落とした人もいるそうです．雷が電流の流れる現象であることを確かめるのは，大変危険な実験だったのです．しかし，雷が大きな電流が流れる現象であることの理解から避雷針の原理が理解され，落雷による被害を防ぐことができるようになりました．

（ユニフォトプレス）

図 8.2　フランクリン（左）とクーロン

　では，そもそも雷の原因となる電荷の分離はどうして起こるのでしょうか？積乱雲による雷の発生は，上昇気流の発生による積乱雲の中で，大粒の氷滴が落下するとき，上昇気流と一緒に舞い上がる小さい氷滴から

電子を奪い，積乱雲の上層部と下層部に電離が起きるためだといわれています．つまり，積乱雲の中では，電荷の分離が起きる摩擦による静電気が発生しているのです．そのエネルギーは落下する大粒の氷滴に働く重力から供給されていますが，それに逆らう上昇気流の発生には，別の理由が必要です．これによって，下層部にたまった負の電荷が地上に流れる現象が落雷です．

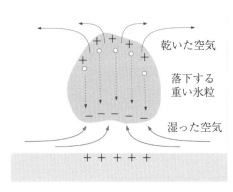

図 8.3　積乱雲と雷の原因　積乱雲の中で上昇する小さな氷滴が，落下する大きな氷滴との摩擦で電荷を帯び，雲の上層部がプラスに，下層部がマイナスの電荷を帯びる．下層部にたまったマイナス電荷が地上に流れるのが雷で，雲の中にも雷は生じている．上層部の電荷は電離層に達し，その分布は地球全体に広がっている．地球は大きな球形コンデンサーで，雷はそれを帯電させる電池の役割を果たしている．

　積乱雲の中にも分離した電荷を中和するように，時々，電流が流れますが，上層部の電荷は電離層の中で広がり，地球全体に一様な電荷分布をもたらします．つまり，雷によって地球全体が充電されるのです．この電荷は大気中を微弱な電流が流れることによってゆっくり中和されますが，雷は地球上のどこかで必ず起こっており，それによって地球大気の電位差はほぼ一定に保たれているそうです．つまり，雷は地球を充電する電池の役割を果たしているのです．

　正負の点電荷 $\pm q$ が分離して r 離れたときには，クーロンの法則により

$$F_{\mathrm{C}} = \frac{q^2}{4\pi\epsilon_0 r^2} \tag{8.2}$$

の引力が働きます．ここで，ϵ_0 は真空の誘電率と呼ばれる，電磁気学の基本定数の１つです．この力に打ち勝って正負の電荷 $\pm Q$ を極板に蓄えるときにコンデンサーがもつ静電エネルギーは，

$$U(Q) = \frac{Q^2}{2C} \tag{8.3}$$

で与えられます．ここで C はコンデンサーの電気容量ですが，地球を半径 R のコンデンサーだと考えると，その電気容量は

$$C = 4\pi\epsilon_0 R \tag{8.4}$$

となります．

　晴れた穏やかな日に大気中を流れる微弱な電流の計測のために発明されたのが，ウィルソンの霧箱です．荷電粒子が過飽和した水蒸気の中を通過するとき，その軌跡に霧をつくることを利用したものです．このアイデアはのちに沸騰に対して過飽和の液体に応用され，泡箱となりました．霧箱や泡箱の発明は宇宙線の観測に使われ，素粒子物理学の発展に貢献しました．

8.4　電池の発明がもたらしたもの

　電流は最初，自然現象の中で注目されました．イタリア人のガルバニは，死んだかえるにも電流を流す性質があることを発見し，それはアニマル電気と呼ばれました．電流を人工的につくってコントロールできるようになったのは，ボルタ電池の発明によります．1800 年のことでした．

　ボルタ電池は亜鉛と銅の極板の間に電解質を入れて積み上げたもので，ボルタのパイルとも呼ばれます．その作動原理は，今日使われている電池と基本的に同じで，亜鉛元素がイオンになって電解質に溶け出し，銅の極板に流れてきた電子を水素イオンが受け取って水素分子をつくるこ

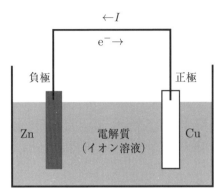

図 **8.4** ボルタ電池の仕組み

とです. この過程で発生する化学エネルギーが正負の極板の間に電子の流れをつくるのです. ただし, 電子は負の電荷をもっていると考えるので, 電流は電子の逆向きの方向に流れます.

ボルタ電池によって電流が人工的につくれるようになると, それを使ったいろいろな科学が発展しました. それで可能になったさまざまな複合分子の電気分解によって, 新しい元素の存在が次々に明らかになります. その領域で特に業績を残したのはロンドンの王立研究所にいた化学者ハンフリー・デービーでした. デービーはのちにマイケル・ファラデーを見出したことでも有名となりましたが, そのころは新元素の発見で有名となっていました. ファラデーも最初はデービーの下で行った溶液分析とその解釈で多くの不朽の功績を残しています. しかし, 電磁気学の最も大きな発展をもたらしたのは, 1820 年の電流の磁気効果の発見でした.

コペンハーゲン大学で電流を使った演示実験を行っていたエルステッドは, 電流が導線を流れると, その脇にたまたま置いてあったコンパスの針が振れることを偶然発見しました. これが電流の磁気効果の発見で

す．パリにいてこのニュースを聞いたアンペールはすぐ詳細な追試を行い，巧妙な実験によって電流の間に力が生じることを定量的に明らかにします．アンペールは数学を教えていたそうですが，いろいろなことに興味をもっていて，デービーとファラデーとも 1914 年にパリで会っていますが，そのときは元素について議論をしていたようです．

(ユニフォトプレス)

図 8.5　ボルタ（左）とアンペール

アンペールの功績は，アンペール力の法則として残っています．いま，2 つの平行に置いた長い直線の導線に，それぞれ電流 I_1, I_2 が流れると，導線の間の距離 d に反比例し，導線の長さ l に比例するアンペール力が働きます．

$$F = \frac{\mu_0}{2\pi} \frac{I_1 I_2}{d} l \tag{8.5}$$

ここに現れる μ_0 という定数は真空の透磁率と呼ばれ，電流の大きさを決めるアンペア [A] の単位はこの法則を使って決めています．アンペールの法則は，ビオとサバールによっても磁場を決める公式として示されています．

アンペールのことをマックスウェルは「電磁気学のニュートン」と讃えています．確かに，彼のやったことはニュートンの重力の遠隔作用論

を電磁気に拡張したものと考えることができます．アンペールはニュートンと同じように数学に秀でた人だったということも，マックスウェルがそのように高く評価した理由かもしれません．

　先に述べたように，アンペールは磁石を小さいループ電流の集まりと考えました．このループ電流が分子レベルで起こっているとも考えたのは注目に値します．この時点で，磁気現象がすべて電流が引き起こす現象であると考えたのは，非常に重要な見方の転換でした．

8.5　ファラデーとマックスウェルの登場

　アンペールの発見は磁気現象の理解に新しい時代を切り開きましたが，それは長くは続きませんでした．それから 11 年後の 1831 年にファラデーの電磁誘導の発見がもたらされ，磁気現象と電気現象のつながりがわかってきます．電磁誘導は今日の電力に依存する人間社会の到来をもたらす画期的な発見ですが，ファラデーはそれを理解するために，「力の場」という概念を導入します．そして，それに魅了されたマックスウェルによって，電磁場の運動を記述する基本方程式が見つかります．2 人のそれぞれの偉業については，節を改めて解説しますが，その前にこの2 人の経歴についてふれておきます．

（ユニフォトプレス）

図 8.6　ファラデー（左）とマックスウェル

　まずファラデーですが，彼は家が貧しかったため，普通の教育を受けることができず，14 歳で製本屋に丁稚奉公に出されます．しかし，利発な彼は，そこで製本する本を読んで自分で勉強したそうです．そして 21 歳で丁稚奉公がやっと終わり，王立研究所のデービーに運命的な出会いを果たし，彼の助手として採用されます．デービーは新しい元素の発見で有名な化学者でしたが，このとき，ナポレオン賞を受賞してフランスに招待されていました．彼はフランスを皮切りにヨーロッパのいくつかの国に視察旅行に出かける直前で，ファラデーを身のまわりの世話をする付き人として連れて行きました．この旅行は 1 年数か月に及びましたが，その間に 2 人はたくさんの当時一流の研究者たちに会い，ファラデーも研究者として大きく成長したといわれています．イタリアではボルタに会い，彼の発明した電池（パイル）をお土産にもらい，それは彼らの研究で非常に役立ちました．

　すでに述べたように，ファラデーの最初の研究は，デービーの研究と重なり，電気分解や溶液論に興味をもったようです．しかし，彼の興味は問題の核心にふれ，これらの領域でも不朽の功績を残しています．そして，エルステッドの電流の磁気効果と，パリで会ったアンペールによる電流の間に働く力の発見を知るのです．電流は電荷の流れですから，これは電荷の間に働くクーロン力と電流の間に働くアンペールの力との間に何か関係があることを示唆していました．しかし，それを明らかにするには 10 年以上の試行錯誤が必要でした．そして，1831 年に努力の甲斐があって電磁誘導の発見に至ります．このとき，数学の素養のなかったファラデーが考案したのが「力の場」の概念です[1]．

　マックスウェルは，電磁誘導が発見された年に南スコットランドで生まれています．ファラデーと違って裕福な家庭に育ちましたが，幼いときに母を亡くしています．法律家だった父は，彼が小さいときから数学

---

[1]　デービーは，2 年前にすでに亡くなっていましたが，王立協会の会長という重職にも就いていて，有名になったファラデーとの研究上のトラブルもあったようですが，ファラデーは終始デービーを恩師として尊敬していたようです．

の才能があったことを認め，それを伸ばす教育を受けさせます．16 歳で
エジンバラ大学に入学し，3 年後にはケンブリッジ大学に移って，当時と
しては最高の高等教育を受けますが，そのなかで知り合った優秀な先輩
や仲間との交流がその後の彼の研究に重要な役割を果たしています．彼
は，優秀な成績で大学を卒業しますが，すぐ父親も亡くなり，南スコット
ランドのグレンレアの土地と屋敷を引き継いでいます．彼はこの父の残
した家に愛着をもっていたようで，いくつかの重要な仕事をここで行っ
ています．

　ファラデーは王立研究所にとどまって実験研究を行いましたが，理論
家だったマックスウェルは研究職には決して恵まれず，研究場所を何度
も移しています．最初は卒業後，スコットランドのアボンリーのカレッ
ジに教職を得ています．アボンリーの職は大学の併合で失い，1860 年か
らロンドンのキングズカレッジに 6 年間在職しています．そこでファラ
デーの力線の考え方に興味をもち，力学的な模型をつくっています．こ
の研究が発展して 1865 年のマックスウェル方程式の完成に至りますが，
その年に彼は職を辞職し，グレンレアの家に引きこもって研究と執筆活
動を続けています．そして 1871 年に，母校ケンブリッジ大学に新設さ
れた実験物理学の教授職に就き，1879 年に 48 歳という若さで亡くなる
まで，そこで研究を続けました．

　マックスウェルは物理学にいろいろな重要な貢献をしています．数学
が得意だった彼は，熱力学や気体の分子運動論を発展させ，原子論に基づ
いて統計的な方法を使ったのも彼が最初だったといわれています．気体
の分子運動論で有名なボルツマンも彼の功績を認めています．マックス
ウェルは 1871 年に『熱の理論（Theory of Heat）』という本を一般向け
に書いていますが，この本は彼が若いときに労働者向けに行った夜間講義
がもとになっているといわれています．その性格から高等数学は使われ

ていませんが，その後有名になった熱力学の関係式が，図を使って説明されています．当時はこの本の影響で，彼は分子運動論の研究で有名だったようです．彼の大作『電気と磁気の詳論（A Treatise on Electricity and Magnetism）』は 1873 年に出版されています．

　ファラデーは彼の導入した電磁場の基礎方程式をマックスウェルが発見した後の 1867 年に亡くなっています．ファラデーとマックスウェルは，それぞれ 19 世紀最大の実験物理学者と理論物理学者と呼ばれています．

8.6　ファラデーの電磁誘導の発見と「力の場」の導入

　電流の磁気効果の発見は，電流は電荷の流れであることから，電荷のつくる電気現象と，電流のもたらす磁気現象の間に何か関係があることを示しています．しかし，静電気と静磁気の現象をみる限り，どちらも互いに独立な現象であることを示していました．この問題に最終的に決着をもたらしたのは，ファラデーの電磁誘導の発見でした．

　ファラデーはドーナツ状の鉄芯に巻きつけた 2 つのコイルの片方に電流を流すと，もう片方のコイルに電流が流れることを発見しました．1 次コイルに流れる電流が定常になると，2 次コイルの電流は流れなくなりますが，その電流を止めると瞬間的に 2 次コイルに反対向きに電流が流れました．電流が流れると鉄心が磁化され，その内部に磁場ができます．そのコイルを貫く磁束が変化したときにもうひとつのコイルに電流が流れるのです．磁束は，磁場 B にコイルの断面積とコイルの巻き数をかけたものです．これが電磁誘導の発見です．1831 年のことでした．アンペール力の発見から 11 年経っています．

　ファラデーは数学の教育は受けていませんでしたが，それを補うために「磁力線」や「磁場」という概念を導入しました．1 次コイルを流れ

る電流によって「磁力線」や「磁場」ができ，その変化によって2次コイルに起電力（emf）が生じると考えました．実はこの効果は1次コイルにも起こっています．つまり，1次コイルを流れる電流が変化すると，1次コイルにはその変化に逆らうように電流を流そうとする起電力が発生します．この効果は自己インダクタンス L と呼ばれる量によって，

$$\mathcal{E}_{\mathrm{emf}} = -L\frac{dI}{dt} \tag{8.6}$$

と表されます．ここで，I はコイルを流れる電流の大きさを表します．それが，コイルの中にできる磁場の強さに比例しており，電流の変化がコイルを貫く磁束の変化をもたらすからです．この関係は，回路にコイルがあるときのコイルの両端の電圧差を与えます．

　ファラデーの電磁誘導の発見は，回路の理論に役立っているだけでなく，そもそも，電流の大量供給の原理にもなっています．磁石のつくる磁場を使うことにより，電磁誘導を使って力学的なエネルギーを交流電流に変換することが可能になったからです．その逆がモーターの原理であり，電流によって供給される電磁気エネルギーを，再び力学エネルギーに変換できます．また，電磁誘導は電圧の変換に利用されています．それを使った送電技術の発展により，現在の電力を使った文明がつくられています．

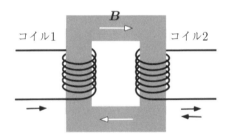

図 **8.7** ファラデーの電磁誘導の発見（概念図）

8.7　電磁場のマックスウェル方程式の発見

　ファラデーがロンドンの王立研究所で電磁誘導を発見した同じ年に，マックスウェルは南スコットランドで生まれています．マックスウェルはちゃんとした教育を受け，若いときから特に数学の才能に秀で，ケンブリッジ大学を優秀な成績で卒業しています．そのマックスウェルが注目したのがファラデーの「力線」と「場」の考え方です．ファラデーは数学の教育を受けていませんでしたが，マックスウェルはファラデーの見方に魅せられ，ファラデーの力線を力学的な模型を使って理解することから始め，最終的にマックスウェル方程式と呼ばれる電磁場の基礎方程式を導出しました．

　電場 E や磁場 B は空間の位置 r と時間 t の関数として，その場所に置かれた点電荷 q に，その時間に働く力 F を用いて

$$F(r,\ t) = qE(r,\ t) + qv \times B(r,\ t) \tag{8.7}$$

と定義されます．ここで，v は点電荷の速度ベクトルで，点電荷が静止しているとき磁場からの力は働きません．点電荷がこの速度で動いているときは，磁場からの力は運動の方向に垂直に働きます．速度ベクトルと磁場のベクトルとのベクトル積が現れるのはそのためです．この力は，それを導入したヘンドリック・ローレンツにちなんでローレンツ力と呼ばれています．

　マックスウェル方程式は偏微分を使って書かれている微分方程式で，ここではその詳細な説明はできませんが，この方程式は空間と時間の関数としての電場と磁場の変化を記述する連立方程式になっています．彼はその導出の過程で，「変位電流項」と呼ばれる項を付け加えて，アンペールの法則を書き換える必要があることを発見しました．「変位電流」とい

うのは，電場の時間変化が電流の役割を果たすというものです．

マックスウェル方程式は，現代的な積分形で

$$\oint_S d\boldsymbol{S} \cdot \boldsymbol{E} = \frac{Q}{\epsilon_0}$$

$$\oint_S d\boldsymbol{S} \cdot \boldsymbol{B} = 0$$

$$\oint_C d\boldsymbol{r} \times \boldsymbol{E} = -\frac{d}{dt} \int_S d\boldsymbol{S} \cdot \boldsymbol{B}$$

$$\oint_C d\boldsymbol{r} \times \boldsymbol{B} = \mu_0 \left(I + \epsilon_0 \frac{d}{dt} \int_S d\boldsymbol{S} \cdot \boldsymbol{E} \right)$$

と書かれます．この標識には，偏微分の代わりに面上での多重積分も現れます．積分記号にマルをつけた記号は，閉じた面 S や閉曲線 C に沿っての積分を意味します．最初の式はガウスの法則と呼ばれ，閉じた面に垂直な電場の成分の積分は，この閉じた面の中にある全電荷を真空の誘電率 ϵ_0 で割ったものになります．2番目の式は，同じことを磁場について書いたもので，この場合は磁荷がないので，常に右辺は0となります．第3の式は，ファラデーの電磁誘導の法則を場の関係で書いたもので，最後の式はアンペール–マックスウェルの法則と呼ばれますが，電流がどうやって磁場をつくるかという式です．右辺の最後に現れる面を貫く電束（$\epsilon_0 \boldsymbol{E}$）の時間変化が電流密度の役割を果たすという，マックスウェルの「変位電流」を表しています．

積分形で書かれたマックスウェル方程式は，具体的な応用を考えるとき，微分形より使いやすいです．数学的には，微分形から積分形を導くときには，境界条件の取り扱いに注意が必要です．通常は積分形から微分形を導きますが，そのとき，ベクトル解析の数学的方法を使います．

ここで重要なことは，微分形で書かれたマックスウェル方程式が，真

空中では電磁場の波の方程式となることです．真空というのは電荷も電流もないということですが，その式にはアンペール–マックスウェル方程式に現れる真空の透磁率 μ_0 と誘電率 ϵ_0 の積のみが定数として現れます．それは，真空中を伝わる電磁場の波の速さ c と，

$$c = \frac{1}{\sqrt{\mu_0 \epsilon_0}} \tag{8.8}$$

で結ばれています．マックスウェルは力学的な模型を使った考察で，これが光の速さに一致することに気がつきました．

8.8　その後の発展

　このように，マックスウェル方程式は電気現象と磁気現象を場の法則として統一しただけでなく，光も電磁波の一種として光学も統一したことになります．電磁場の法則が予言した電磁波の存在は，ドイツ人のヘルツによって実験的に検証されました．これはファラデーやマックスウェルの死後の 1887 年でした．

　同じころ，光速を精密測定する光干渉計の方法が開発されますが，太陽のまわりを高速で公転している地球の運動の効果が，この方法で検出できないという問題が出されます．空気中を伝わる音波のように，電磁波を伝える「エーテル」と呼ばれる物質があれば，この物質に対しての地球の運動の違いが，電磁波の伝わる速さの違いとなって現れることが予想されていたからです．この問題の解決策から，相対性理論が出てきます．また，熱放射のスペクトルという，高温物質から放出される電磁波の波長分布の研究から量子論が生まれ，量子力学に発展していきます．この 2 つの新しい考えは，20 世紀における物理学の新しい発展の原動力となりました．この 2 つの発展については章をあらためて，第 12 章と第 13 章でもう少し詳しく解説します．

　最後に，2つの面白いエピソードを紹介しておきます．ファラデーは電磁誘導の発見のあと，当時の英国首相が彼の研究室を表敬訪問して，「この発見は素晴らしいが，何かの役に立ちますか？」と聞いたのに対し，「いまはわかりませんが，いずれそれから税金を取ることができるかもしれません．」と答えたという逸話が残っています．また，相対論と量子論で現代物理学の建設に決定的な役割を果たしたアインシュタインは，ケンブリッジ大学を訪問した際，「ニュートンの肩に乗っかって遠くを見たのですか？」という質問に，「いや，私が乗っていたのはマックスウェルの肩でした」と回答したそうです．

9 | 電気工学の誕生

岸根順一郎

《**目標＆ポイント**》　電気文明は人類の生活を根本から変えました．そのきっかけは何だったのでしょうか．その物理学的な意義は何でしょうか．電気工学の基本であるファラデーの電磁誘導の法則とはどのようなものでしょうか．電気と磁気の力を，空間に充満する「場」として捉える見方は，なぜ現代物理学の基礎となるのでしょうか．

《**キーワード**》　電磁誘導，ファラデーの法則，場，近接作用，電磁誘導の応用

9.1　電気文明への道

ボルタ電池

　今日の私たちにとって，日々の生活で絶対に手放せないないのが電気でしょう．自然災害が起きたとき，まずは電源の確保が最優先になります．停電は，生命にかかわりかねない深刻な危機です．情報社会の動力源もすべて電気です．電気の代わりに火や水蒸気で済ませることはできません．

　紀元前600年ころ，ミレトスのタレスが琥珀をこすると生じる摩擦電気について記録に残しています．しかし，人類が電気を制御可能な方法で作り出し，安定供給できるようになるのは，はるか2400年後のことです．1800年，イタリアのボルタ（1745–1827）は，塩水に浸した布（厚紙）を介して銅（または銀）と亜鉛の板を積み上げ，電気が発生することを見出します（図9.1）．電池の発見です．ボルタはナポレオンの前で公開実験を行い，その功績に対して勲章と爵位を贈られました．

ボルタは，同じくイタリアのガルバニ（1737–1798）がカエルの足の痙攣実験で見つけた生体電気から出発し，電池に到達しました．ガルバニは，電気がカエルの足から発生する生体起源のものと考えましたが，ボルタは足の中の液体と金属の接触が本質であることに気づきました．ガルバニの'カエル電池'とボルタの電池は同じ原理だったわけです．さらに，すべては電子が引き起こす現象ですが，これがわかるまでにはさらに1世紀ほどかかりました．ボルタ電池ができたことで安定した電流が得られるようになり，電気学が飛躍的に発展することになります．電流が磁石に作用するというエルステッドの大発見（1820年）も，有名なオームの法則（1827年）も，ボルタ電池なくしてはありえませんでした．

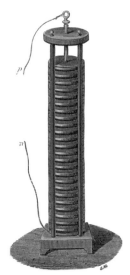

（ユニフォトプレス）

図 9.1　ボルタ電池

ファラデーの登場

1814年，当時すでにイギリスを代表する化学者だったハンフリー・デービー（1778–1829）は，その前年から助手を務めるマイケル・ファラデー（1791–1867）を伴ってヨーロッパ各地を旅行します[1]．この際，ボルタに直接会ってボルタ電池を知ったことが，若き日のファラデーを電気研究に駆り立てます．ボルタとの出会いから17年後の1831年8月29日，ファラデーはついに磁気から電気を生み出す電磁誘導現象を発見します．これが発電機の原理となります．ただし，電磁誘導の発見が直ちに発電機に結びついたわけではありません．1850年代に，当時のイギリス大蔵

---

1)　この旅行は，若き日のファラデーにとって決定的に重要でした．

大臣だったグラッドストーンから「電磁誘導が結局何の役に立つのか？」と尋ねられたファラデーが，「今はわかりませんが，そのうちあなたはこれに税金をかけるでしょう」と応じた話はよく知られています．ファラデーの基礎研究がジーメンス，ホイートストン，グラムといった技術者の手に引き継がれ，産業技術と結びつくのは 1870 年代のことです．

　ファラデーの研究は，一方でマックスウェルによる電気と磁気の統一理論への道を整えます．これは純粋に，理論的な自然法則の探求です．また，電気と磁気の力を，空間に充満する場というイメージで捉える見方を確立したのもファラデーです．これは物理学の理論の進歩にとって極めて重大な視点であり，20 世紀の相対性理論・量子力学と結びついて現代物理学の基盤となります．

　今日的な言葉で言えば，基礎研究と産業応用の両面でこれほどのインパクトを与えた科学者は，ファラデーをおいて他にいないでしょう．ファラデーという科学者は，自分自身は産業応用に直接の関心はなく，自然現象の統一的理解を極めようとした人です．にもかかわらず，電気分解，誘電分極，磁気光学効果，反磁性，コロイド研究といったファラデーの業績は，その後，比較的短時間に産業応用と結びつき，現在ではその一つひとつが大きな工学分野に成長しています．本章では，電磁誘導の本質を説明し，そこから広がる世界を紹介します．

ファラデー日誌

　1820 年に，エルステッドは「電流が磁場を作る」ことを発見します．すると逆に，「磁場が電流を作ってもよいのではないか」と考えるのは自然なことです．実際，エルステッド自身もこのアイデアを試しています．しかしうまくいきませんでした．この着想にこだわり，ついに答えにたどり着いたのがファラデーでした．ただし，成功までに何度も失敗

を繰り返しています．ファラデーは 1820 年から 1862 年に至るまで研究日誌を書き続けましたが，そこには試行錯誤の跡が克明に記されています．1824 年 12 月 28 日，ファラデーは銅線コイル中に強力磁石を入れてみます．しかし銅線に電流は流れません．1825 年 11 月 28 日には，電流を流した針金のそばに置いたもう 1 本の針金に電流が流れるかどうかを試しています．これも失敗に終わります．そしてついに 1831 年 8 月 29 日，図 9.2 (a) のように鉄の和の両側に被覆した銅線を巻き付けたコイルの対を作ります．そして，片方のコイル A に電流を 流した瞬間 と，切った瞬間 にだけ，もう一方のコイル B に電流が流れることを突き止めます．磁気から電流を作るには，ただ磁場があるだけではだめで，磁場を時間変化させることが必須だったのです．コイル A に流れる電流が鉄の輪の中に磁場を作ります．鉄は磁気に対する感受性がとても高く，内部に磁力線を閉じ込める働きをします．この結果，コイル B を強い磁場が貫きます．そして，その磁場が時間変化すると電流が誘導されるわけです．この日ファラデーが組み上げた装置は，変圧器の原型です．

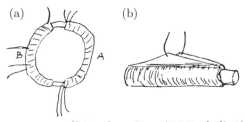

(Science Source Images/ユニフォトプレス)

図 9.2 (a) ファラデーが最初に電磁誘導を発見した日（1831 年 8 月 29 日）の研究日誌に描かれたスケッチ．(b) コイルに磁石を抜き差しすると電流が流れることを発見した 1831 年 10 月 17 日のスケッチ．

　続いて 10 月 17 日には，図 9.2 (b) のように，コイルに磁石を差し込んだり引き抜いたりすると電流が誘導されることを見出しています．8 月 29 日の実験と 10 月 17 日の実験から，要するにコイル（導線ループ）を貫く磁場が 変化 すると電流が誘導されることがわかります．磁場が変化し続ければ電流も流れ続けます．これが発電機の原理となります．

　このファラデーの発見を一言でまとめると

変動磁場を囲むループに沿って起電力が生じる

となります．これが電磁誘導の法則です．変動が欠かせない条件です．ここでループといっても，実際に導線（電線）のループである必要はありません．起電力が生じるとは，ループに沿う電場が発生するということです．電場自体は，導線などなくとも空間に分布できます．この電場は，クーロンの法則によって電荷が作る電場（クーロン電場）とは明らかに違います．電荷がなくとも，磁場の時間変化だけで発生する電場です．これを誘導電場といい，クーロン電場とは明確に区別できる電場です．電場には，クーロン電場と誘導電場という 2 種類があるのです．

磁場を囲む仮想ループという見方

　ファラデーは全く数学を使わずに電磁誘導の正しい理解に達しました．これを数学の言葉で整備したのはマックスウェルで，1861 年のことです．ファラデーのアイデアをマックスウェルが数学という形にできたのは，場の概念のおかげです．ファラデーは，1840 年代の物質の電気・磁気的性質の研究を通して，電場や磁場が空間を充満するものであるというイメージをはっきりもつようになります．

　磁石のまわりに鉄粉をまくと磁場が可視化できるのはよくご存じでしょう．目に見えない場の概念がなかなか理解されないのに業を煮やしたファ

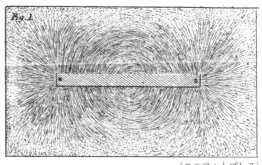

図 9.3 ファラデーが磁石の上に紙を置き，そこに
鉄粉をまいて磁力線の様子を可視化したもの．分布
した鉄粉は樹脂で固められ，保存されている．

ラデーは，1851 年にこのデモンストレーションを行い，「どうだ，本当
に場があるだろう」と人々を説得することに成功しました（図 9.3）．

　マックスウェルは，1873 年にまとめあげた『電磁気学原論』の序文で
「距離を隔てて引き合う 2 点という数学者のイメージに代わり，ファラ
デーは心の目ですべての空間を満たし横切る力の線を見た．数学者が空
虚な距離しか見なかったところに，ファラデーは豊かな媒質を見た．」と
述べています．ここで「距離を隔てて」というのはいわゆる**遠隔作用**の
見方を意味します．ニュートンは，距離を隔てた地球と月の間に引力が
働く理由が説明できず，困り果てて「私は仮説を作らない」と宣言しま
した．ニュートンの当時，遠隔作用の見方は「力は機械的な接触によっ
てのみ伝わるべきだ（近接作用）」というデカルト的な考え方とはぶつか
りました．ニュートンの宣言はこの衝突を踏まえたものです．

　これに対しファラデーは，空間に充満する場という見方を確立するこ
とで，遠隔作用と近接作用の衝突を解消したのです．目には見えなくと
も近接作用はありえた，というわけです．磁力線という見方を前提にする

と，ファラデーが発見した電磁誘導現象はきれ
いにまとめることができます．図9.4のように，
ループを貫く磁力線の束（磁束）が時間変化す
ると，ループに沿って起電力が生じるとイメー
ジすることができます．稲穂をくるっとわっか
で囲むイメージです．

図 **9.4**　ループを貫く
磁力線のイメージ

9.2　ファラデーの法則

ループの向きと法線の向き

　ファラデーが心の目で見たイメージを数学に転換しましょう．まず，
空間にループを描きましょう．そして，ループに沿って歩く様子を想像
してください．このとき，図9.5のように，進行方向から見て左側がルー
プの内側であるように進むことにします．このとき進行の向きをループ
の正の向きと取り決めます．次に，ループに囲まれる面を考え，この面
に垂直な単位ベクトルを突き立てます．この単位ベクトルを法線ベクト
ルと呼びます．このとき，歩く人のつま先から頭へ向かう向きを法線ベ
クトルの正の向きとします．こうして，ループの向きとループが囲む面
の向きが結びつきます．

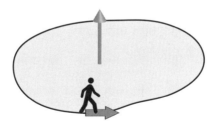

図**9.5**　ループの正の向きと，面の法
線の正の向き

磁束と誘導電場

次に，図 9.5 のように，磁場が存在する空間にループを描きます．繰り返しますが，このループは実際の導線である必要はありません．空間に描いた仮想的なループで構いません．磁場は空間的に一様であるとします．ここで一様と一定という言葉を区別しておきます．一様とは，場所によらず空間のどこでも変わらないという意味です．磁場はベクトルですから，向きも大きさも同じということです．一方，一定といった場合は，時間によらず変化しないということです．空間的変化と時間的変化をごちゃまぜにすると混乱するので注意しましょう．

ここで考える磁場は一様ですが一定ではありません（そうでないと電磁誘導が起きません）．位置ベクトルにはよらないが，時間には依存するベクトルなので，この磁場ベクトルを $\boldsymbol{B}(t)$ と書きましょう．また，ループの囲む平面領域の法線ベクトルを $\boldsymbol{n}$ とします．さらにループの囲む領域の面積を S とします．このとき，ループを貫く**磁束**（フラックス）と呼ばれる量を

$$\Phi(t) = \boldsymbol{B}(t) \cdot \boldsymbol{n} S \tag{9.1}$$

で定義します．

磁場が変化すると，ループに沿って起電力が生じます．起電力には向きがあります．その向きは誘導電場の向きに対応します．先ほど考えたループの正の向きがここで重要な役割をもちます．誘導電場の向きが正か負かを，ループに沿って明言できるからです．以上の準備のもとで，ファラデーの電磁誘導の法則は

$$\boxed{V_{\text{emf}} = -\frac{d\Phi}{dt}} \tag{9.2}$$

とまとめることができます．誘導起電力は，磁束の時間変化率（時間微

分）にマイナスをつけたものです．これをフラックス則と呼ぶこともあります．V_{emf} の emf は，誘導起電力を表す electromotive force の略称です．

　例えば時間とともに磁束が増大しているとします．この場合，$d\Phi/dt$ は正ですから V_{emf} は負です．つまり，誘導電場はループに沿って負の向きに現れます．逆に磁束が減少している場合，誘導電場はループに沿って正の向きに現れます．このように，磁束の変化率の正負と，誘導電場の正負は逆になります．これをレンツの法則と呼びます．レンツの法則はしばしば，「電磁誘導は磁場の変化を打ち消す向きに発生する」と言い表されます．電流が負の向きに流れれば，アンペールの法則によって磁場 $B(t)$ とは逆向きの磁場ができるからです．

　ファラデーは一切数学を使いませんでしたから，もちろん (9.2) の式を書いたわけではありません．しかし，直観によってその内容をすべて正確に捉えていました．

電磁誘導の２つのタイプ

　フラックス則 (9.2) の優れた点は，電磁誘導の２つのタイプを両方含んでいる点です．このことをみるため，図 9.6 のようにコの字型レールに金属シャフトを乗せて動けるよ

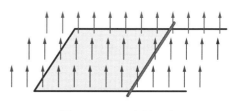

図 9.6　コの字型回路

うにした回路（ループ）を作り，これに磁場を通しましょう．磁場の向きはレールの面に垂直で，大きさは一様で B とします．そして，レールとシャフトで囲まれた長方形の面積を S としましょう．すると磁束は $\Phi = BS$ です．これを (9.2) に当てはめると

$$V_{\mathrm{emf}} = -\frac{d(BS)}{dt} = -\frac{dB}{dt}S - B\frac{dS}{dt} \tag{9.3}$$

です．積の微分公式を使っています．

右辺の第1項

$$V_{\mathrm{t}} = -\frac{dB}{dt}S \tag{9.4}$$

は「S は変わらず B が変化する」ことで誘導される起電力を意味します．この効果を transformer induction と呼びます．確立した日本語訳がないので，ここでは「磁場変化による誘導」と呼んでおきましょう．

次に第2項

$$V_{\mathrm{m}} = -B\frac{dS}{dt} \tag{9.5}$$

は逆に，「B は変わらず S が変化する」で，誘導される起電力を意味します．この効果を motional induction と呼びます．「境界変化による誘導」とでも呼んでおきましょう．ループ（いまの場合はリアルな回路）の境界が時間とともに変化するからです．重要なのは，数学的な式変形が自動的に「V_{emf} が V_{t} と V_{m} に分離する」ことを教えてくれることです．

磁場変化による誘導

2つのタイプの誘導は，別々に起こすことができます．図9.7のように，シャフトを固定して磁場だけ変化させれば V_{t} が実現できます．図には，磁場が増大する場合が描かれています．磁束が増える向きと誘導電場の向きの関係に注意しましょう．

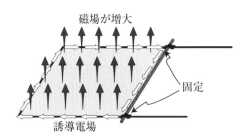

図 **9.7** 磁場変化による誘導

境界変化による誘導

　今度は図 9.8 のように，磁場は変化させずにシャフトを強制的に速度 v で動かせば，V_m が実現できます．この場合，シャフトが右に動けば回路を貫く磁束が増えます．このため，図 9.7 と同じ向きに

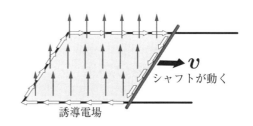

図 9.8　境界変化による誘導

誘導電場が発生します．コイルの左端からシャフトまでの距離を x，コイルの幅を l とすれば $S = xl$ です．これより，

$$V_\mathrm{m} = -B\frac{dS}{dt} = -Bl\frac{dx}{dt} = Blv \tag{9.6}$$

が得られます．v はシャフトの速度です．

　ところで，図 9.7，9.8 では，回路全体にわたって同じ強さの誘導電場が生じるように描かれていますが，実際には違います．場所によって大きかったり小さかったりします．はっきりいえるのは，閉じた回路全体にわたって誘導起電力 V_m が生じるということです．分布の様子を正確に書くのはとても大変です．

磁場変化と境界変化が両方ある場合

　あらためて，フラックス則 (9.2) が両方のタイプの誘導を同時に記述できることを強調しておきます．図 9.8 の状況で，磁場が時間変化するとしましょう．例えば，磁場が時間とともに

$$B(t) = B_0 \sin(\omega t) \tag{9.7}$$

のように振動するとします．さらに，シャフトを一定の速さ v_0 で動かします．この場合，(9.3) は

$$V_{\mathrm{emf}} = -\frac{dB}{dt}S - B\frac{dS}{dt} = -B_0 x\omega\cos(\omega t) - B_0 l v_0 \sin(\omega t) \qquad (9.8)$$

と計算できます．ここで，微分公式 (2.48) を使いました．

9.3　電磁誘導の応用

　以上で，ファラデーが電磁誘導を発見した経緯，その結果がフラックス則としてまとめられること，そしてその使い方について説明しました．繰り返し強調しているように，電磁誘導は並ぶもののない影響を人類文明に与えました．私たちの身のまわりにも，電磁誘導を応用したデバイスがあふれています．そのいくつかを紹介します．

交流発電機

　図 9.9 は，電力会社が発電に用いる三相交流発電機の原理です．磁石のまわりに 3 つのコイル A，B，C を 120° で配置し，磁石を回転させると誘導起電力が発生します．3 つのコイルには，順々に磁束が貫入し，互いにずれた誘導起電力の波が生じます．波動物理の言葉を使うと，位相が 120° ($\frac{2}{3}\pi$) ずつずれた 3 つの波が発生します．このため三相交流と呼

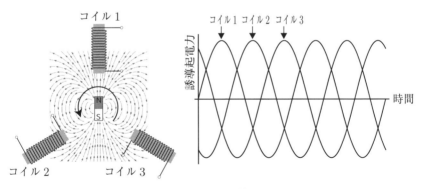

図 **9.9**　発電機

ばれるわけです．コイルをつなぎ合わせれば大きな起電力が得られます．

　三相交流はニコラ・テスラらによって 1880 年代末に発明され，これによって交流送電が実用化されました．テスラは公園を散歩中，磁石を回転させるというアイデアを思いついたそうです．ファラデーの発見は，約半世紀を経て電気事業に結実したわけです．

　日本では，1888 年に大阪電燈がアメリカ製発電機（周波数 60 Hz）を導入し，これが関西エリアの発電仕様として定着していきます．一方，関東エリアでは，1893 年に東京電燈浅草火力発電所が稼働し，ドイツ製発電機（周波数 50 Hz）を使った商用送電が開始されました．現在に続く「西日本は 60 Hz，東日本は 50 Hz」はこうしてできあがりました．火力発電では火でお湯を沸かし，その蒸気圧でタービンを回して磁石を回転させます．火が原子力に置き換わったのが原子力発電です．

防災用懐中電灯

　手で振るだけで発電する，電池不要の懐中電灯があります．これは防災用に便利です．この発電の原理は，ファラデーが 1831 年 10 月 17 日に発見した，図 9.2 (b) の原理そのままです．ただ，このままでは振り続けないといけません．防災用懐中電灯では，発電した電荷をコンデンサーにため，これを放電できるようになっています．

自転車用ライト

　自転車用ライトは，かつてはタイヤのリムで発電機を直接回して発電する方式が一般的でした．リムと発電機が直接触れるのでグイグイと音が出るし，ペダルが重くなってこぎにくくなります．これに代わり，2010 年代に入って非接触の発電機が登場しています．これは，金属のリムに磁石を近づけ，リムを回転させるだけのものです．磁力線がリムを貫き，

リムはそこを横切っていきます（図 9.10）．すると，電磁誘導によって
リム内に渦状の電流が生じます．リムが金属で電流を流すことが重要で
す．これを渦電流といいます．渦電流は，フーコーの振り子で名高いレ
オン・フーコーが 1855 年に発見したものです．

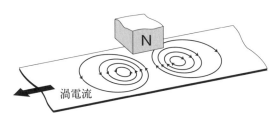

図 **9.10** 渦電流による発電

電磁調理器

　渦電流が身近に生かされている例として，電磁調理器（IH）がありま
す．IH とは induction heater，つまり誘導ヒーターの略です．文字通り
電磁誘導調理器です．図 9.11 のように，装置の中にはコイルが埋め込ま
れています．このコイルに交流電流を流すと変動磁場ができます．この
磁場が金属製の鍋底に渦電流を作ります．鍋に電流が流れると，電気抵
抗のために熱（ジュール熱）が発生します．この熱で調理するわけです．

ワイヤレス電力伝送

　電源コードがなければどんなにスッキリするだろうと思います．これ
を実現するのが非接触のワイヤレス電力伝送です．原理は電磁調理器と
同様です．これに対し，IC カードリーダのように，電磁波を使った電力
伝送技術も進展しています．後者の場合，遠方までワイヤレスで電力を
伝えることができます．伝送途中の電力損失や指向性の問題がうまくク
リアできれば，電源コードなしの電気文明が実現することでしょう．

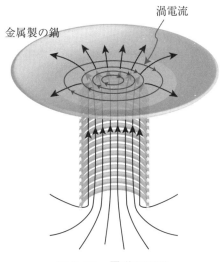

図 9.11　電磁調理器

電磁ブレーキ

　渦電流はブレーキにも使えます．回転する導体円盤に磁場を貫入させると渦電流が発生します．渦電流が作る磁場と貫入磁場は反発するため，ブレーキとして働きます．これが電磁ブレーキです．この反発というのは (9.2) のマイナス符号に現れています．誘導電場が作る電流は，アンペールの法則に従って磁場を作ります．この磁場は，外からかけられた磁場を打ち消す向き，つまり反対向きに生じます．これをレンツの法則といいます．磁石の N 極どうしが反発するように，磁場どうしの反発が起きるわけです．電磁ブレーキは，ブレーキをかけたときの衝撃が少ないため，遊園地のジェットコースターに使われたりしています．かつては新幹線にも一部使われていました．

硬貨の選別

渦電流は硬貨の選別にも使えます．自動販売機に投入された硬貨は，レールに沿って転がります．経路の途中に磁石を配し，通過する硬貨に磁場を貫入させます．このとき電磁ブレーキが働いて硬貨が減速します．減速の度合いは硬貨の材質によって異なります．こうしてコインがレールを離れるときの速度に差をつけることができます．結果，コインは材質に応じて異なる場所に落ちるわけです．

変圧器

ファラデーが1831年8月29日に最初に電磁誘導を発見した日に組み上げた装置は，今日変電所で使われる変圧器（トランス）と全く同じ原理のものです．図9.12は変圧器の原理ですが，ファラデーの装置（図9.2 (a)）との類似は明らかでしょう．電流を入力する片方のコイルを一次コイル，他方の出力側コイルを二次コイルといいます．一次コイルに交流電流を流すと，鉄心（コア）に閉じ込められた磁場も振動して二次コイル側に誘導電流を生み出します．このとき，コイルの巻き方を調節すると，入力電圧とは異なる出力電圧を作り出すことができます．これが変圧の原理です．

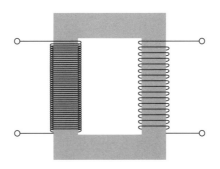

図 **9.12**　変圧器

非接触 IC カード

　鉄道の定期券やマネーカード
として普及している非接触式IC
カードも，電磁誘導の応用例で
す．カードの中にはコイルが入
っています(図9.13)．一方，カー
ドリーダーからは電磁波が出て
います．電磁波は変動する磁場
を伴いますから，これがカード

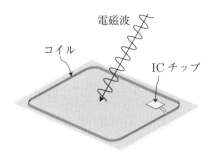

図 9.13　非接触 IC カード

内のコイルに貫入すると電磁誘導が起きて誘導電流が流れます．この電
流を使ってカード内の IC チップを作動させるわけです．

エレキギター

　エレキギターは電磁誘導を直接応用した楽器です（図 9.14）．エレキ
ギターの弦がすべて磁石につく金属（鉄，ニッケル，ステンレスなど）で
できています．そしてピックアップコイルによって磁場を作り，この磁
場によって弦を磁化します．つまり弱い磁石にするわけです．弦を弾く
（振動させる）とこの磁石が振動しますから，変動磁場ができます．こ
の変動磁場が再びコイルを貫き，電磁誘導を起こして振動電流を作りま
す．その電気信号を音声に変え，アンプで増幅して音を出すのがエレキ
ギターです．

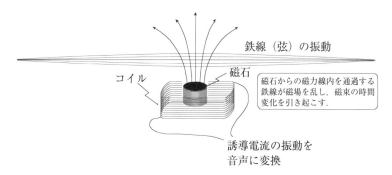

図 9.14　エレキギターの原理

10 | 光とは何か？

松井哲男

《**目標&ポイント**》 光とそれがもたらすさまざまな現象は，私たちの日常生活に重要な役割を果たしていますが，その本性については太古の昔からいろいろと考えられてきました．力学の基礎を作ったニュートンは『光学』において，光の粒子説により色や光の屈折現象を説明しましたが，幾何光学の原理はその前にイスラム圏で活躍した数学者イブン・ハイサム（アルハゼン）によって明らかにされていたといわれています．その後，ヤングやフレネルによって光の波動説が盛んになり，マックスウェルによって光は電磁波の一種だとする今日的描像に至りました．光の速さが普遍定数であることは相対論の基礎となりましたが，やはりアインシュタインによって光の粒子説が再興し，波動説との相克を通して量子力学の発見に至っています．この章では，光の本性に関する人類の知見の進化をたどり，その現代的役割について概観します．

《**キーワード**》 幾何光学，粒子説と波動説，ホイヘンスの原理，ヤングの二重スリット干渉実験，フレネルと横波説，マックスウェルの電磁波，偏光，レーリー散乱と空の青さ，光速不変性と相対性理論，光の量子論へ，光の現代的役割

10.1 古代人の考えた光

光は物を見るときに絶対必要で，暗闇の中では何も見えません．太陽から出る光は昼と夜を分け，人の運命の明暗も，光が当たるか，当たらないかでわかれるといわれます．光が人間の活動に果たしてきた役割は大きく，人類が原始霊長類から現れる際にも光の利用が大きな役割を果たしたのではないかと思われます．今日では光は電磁波の一種として，それがエネルギーを運ぶこともわかっていますが，太陽から地上に降り注

ぐ光と電磁波は，地球表面付近の進化をもたらし，人間を含む生命の成長を育んできました．

　そのような光の重要性は昔から認識され，光を放つ炎は，土，水，そして空気とともに，自然を作る 4 つの元素の 1 つと考えられてきました．また，光は色を識別することができ，屈折や虹のような自然現象も日常的に経験されてきたので，それをどのように理解していたのかは興味があります．古代ギリシャ・ヘレニズム時代でも，アリストテレスはさまざまな光現象について書き残していますし，数学者ユークリッドや天文学者プトレマイオスも，のちの幾何光学につながる考察を残しています．

　光をどのように理解するかは，その後の人間の自然理解の最も重要な問題となりました．この章では，光の理解の歴史的変遷を振り返り，光が物理学に果たした役割を概観してみます．

10.2　幾何光学と光の粒子説：光の屈折と虹の起源

　光の科学に関する古い文献としては，ニュートンの『光学』がよく知られています．この本は初め英語で書かれ，一般の人にもよく読まれて大きな影響を与えたようです．しかし，その前にすでに幾何光学の仕事がありました．ニュートンの仕事は，それらを，いろいろな現象の理解を含めて発展させたものと考えられます．

　ユークリッドは光が直進すると考えて，幾何学的に光によってわれわれのまわりがどう見えるかを説明しました．2 次元面に 3 次元の世界を投影する技法として遠近法が知られていますが，この原理はこの考えで説明できます．幾何光学の考えはレンズの発明とともに発展しましたが，それはイスラム文化の中で，数学者イブン・ハイサム（アルハゼン）によって系統的に発展させられたと伝えられています．今から 1000 年ほど前のことで，ニュートンの『光学』が出版される 1707 年の 700 年ほ

図 **10.1** イブン・ハイサム（左）とニュートンの
用いた反射望遠鏡（再現）

ど前になります.

　ニュートンの時代にはすでにプリズ
ムが開発され，色の違いによって屈折
率が違うことが知られていました. ニ
ュートンはこの現象の分析から，光は
たくさんの違った色をもった粒子の集
団であり，この色の屈折率の違いから
虹の起源を説明しました. 光の屈折の
法則はスネルの法則として知られてい

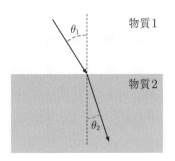

図 **10.2** 光の屈折

ます. この法則はイスラム圏ですでに知られていたようですが，デカル
トが正弦関数を使って書いたことから，屈折率 n は境界面の法線（面に
垂直な線）に対して定義された入射角と屈折角を使って書かれます. 物
質 1 から入射角 θ_1 で入射した光が，それと水平面をもつ物質 2 に屈折角
θ_2 で進むとき，

$$n_{12} = \frac{\sin \theta_1}{\sin \theta_2} \tag{10.1}$$

を屈折率と呼びます．この現象の説明はホイヘンスの原理において，光
の速さが v_1 から v_2 に変わったことで説明され，

$$n_{12} = \frac{v_1}{v_2} \tag{10.2}$$

となることが示されます．

　ニュートンはこの屈折率が色によって異なることを仮定し，プリズム
によって白色光がいろいろな色に分解されることや，虹の起源などの自然
現象を説明しました．光の粒子説は，ニュートンの名声によって，18 世
紀に広く受け入れられることになりました．

10.3　光の波動論：光の干渉と回折

　19 世紀に入ると光の波動説が台頭してきます．光の波動説は，17 世
紀にすでにオランダのホイヘンスによって出されており，その直感的な説
明は今もホイヘンスの原理として残っていますが，彼自身はこの考えに
よってニュートンのように光が関係した現象を説明することはしなかっ
たようです．

　ニュートン没後の 1802 年，英国のトーマス・ヤングによって光の波
動説が唱えられます．その根拠になった現象は，二重スリットを通過し

（ユニフォトプレス）

図 **10.3**　光の波動説を唱えたホイヘンス（左）と，それを
検証し発展させたヤング（中）とフレネル

た光が遠方に投影されたとき干渉縞を作ることです．これはヤングの実験と呼ばれ波動現象を検証する方法として知られています．ヤングは，力学で使われている「エネルギー」という言葉を作ったことでも知られています．

　光の波動説は，フランスのフレネルによってさらに発展されます．彼は特に光の回折現象に注目し，ヤングやフレネルは光が偏光の自由度をもつことを使って光が横波であることを示しています．これは，光の波動としての伝播方向に，垂直に波が変動していることを意味します．空気の疎密波である音波は，その進行方向に対して密度や圧力が変動している縦波になっていますが，光の伝播はそれとは違っているとしました．

　横波にはいろいろな例があります．例えば，水面を伝わる波は，水面が重力の向きに上下運動することが伝わっていく2次元の横波です．1次元の波としては，張られたひもを伝わる波が知られています．地震波は，最初に到来するP波が地中を伝わる圧力波で，その後に地表の揺れを伝えるS波（表面波）がやって来ますが，S波は横波です．真空中を伝わる光は縦波成分がないということがわかりました．

　さて，光の波動説は，何が振動しているのか，という問題がありました．当時考えられていたのは，エーテルという真空に充満している一種の物質があり，光以外の物質とはほとんど相互作用しない

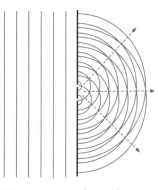

図10.4　ヤングの二重スリットによる光の干渉実験

ため，われわれや地球はその中を自由にすり抜けていくのではないかと考えられていました．エーテルの存在は，その後の実験によって否定され，相対性理論の勃興を招きますが，当時はそのような「物」を考える

のが自然だったようです.

10.4　マックスウェルの電磁波：光は電磁気現象のひとつ

電磁気の基本方程式を作ったマックスウェルは，彼の理論が予言する
電磁場の波（電磁波）が実際に存在することがヘルツによって検証され
る前に亡くなっていますが，生前においてもファラデーの力線の力学的
模型の考察から，力線の変動によって波ができ，その伝わる速さが光速
にほぼ一致することを見抜いていました. これはファラデーの力線をひ
ものようなものと考えれば，その上を伝わる波は横波となり，自然に理
解できます. したがって，光は電磁波の一種だということを理解してい
たことになります.

マックスウェル方程式を使うと，電場と磁場はどちらも波の進行方向
に垂直に振動し，互いに垂直となることが示されます. 例えば，x 軸の
正方向に速さ c で伝わる電磁波解の 1 つは，

$$\boldsymbol{E}(\boldsymbol{r},\ t)\ =\ \boldsymbol{E}_0 \cos\left[(x-ct)k\right] \tag{10.3}$$

$$\boldsymbol{B}(\boldsymbol{r},\ t)\ =\ \boldsymbol{B}_0 \cos\left[(x-ct)k\right] \tag{10.4}$$

と表され，ここで c は光速で，電磁気学の基本定数である真空の誘電率
ϵ_0 と透磁率 μ_0 を使って，

$$c = \frac{1}{\sqrt{\epsilon_0 \mu_0}} \tag{10.5}$$

と表されます. 一方，ファラデーの電磁誘導の法則から

$$\boldsymbol{e}_x \times \boldsymbol{E}_0 = c\boldsymbol{B}_0 \tag{10.6}$$

が得られます. ここで $\boldsymbol{e}_x$ は x 方向を向いた単位ベクトルで，波数 k の
値はこの波の波長 λ と，

$$k = \frac{2\pi}{\lambda} \tag{10.7}$$

という関係があります. この最後
の2つの条件はアンペール・マッ
クスウェルの法則も満たしていま
す. このような解は平面波解と呼
ばれています. 波の進む x 方向に
垂直な面上で同じ値をとるためで
す. この解を図 10.5 に図示しま
した.

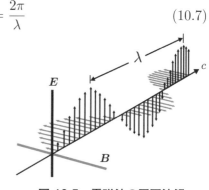

図 10.5 電磁波の平面波解

　この電磁波解には偏光という自由度があります. この自由度は電磁波
が3次元の横波であるということを反映しています. 平面波解を使って
説明すると, 図 10.5 では, 電場と磁場のそれぞれが同じ方向に変動して
います. これを直線偏光した電磁波と呼びます. 平面波で, 互いに垂直
な電場と磁場が回転しながら進む場合があります. このような解もマク
スウェル方程式の解として許され, 楕円偏光をしているといいます.
偏光の自由度は2方向成分をもつ電場や磁場のそれぞれの解がもつ位相
の自由度と関係しています.

10.5　電磁波の散乱：空の青さと夕日

　光の色の自由度は光の波長, あるいは波数と関係しています. これは,
人間の目の網膜が3つの波長に敏感な測定装置をもっているからだとい
われています. 目が受け取った3種類の信号を脳で解読しているようで
す. 色に3原色があることは, これによって説明されています.

　7色の虹といいますが, 太陽光の波長スペクトルは連続分布をしてい
て, 虹の色も波長とともに連続的に変化していくと思いますが, 人間はそ

の色の連続分布を 7 色と表現しているのです．ニュートンは虹ができる原理を光の色による反射率の変化として説明しましたが，可視光を，ある特定の波長領域にある波長をもった電磁波とする今日的解釈では，屈折率の波長依存性が虹の起源ということになります．

　太陽からやって来る電磁波は，太陽表面の温度約 5800 K（ケルビン）を反映した熱放射で，その波長は 480 nm あたりをピークに可視光領域（360 ～ 800 nm）全体にほぼ連続的に分布しています．昼間に直接太陽を見るのは危険ですが，太陽光は大気を青く輝かせ，その大気からの反射光によって，昼間の地上は満遍なく照らされています．熱放射のスペクトル分布の意味についてはあとでもう少し詳しく述べますが，ここでは，なぜ空が青いのかという問題にふれます．

　この問題の解は，電磁波の大気中の分子による散乱問題を解くことにより，レーリー卿により得られました．散乱体の大きさが散乱される電磁波の波長より小さい場合は，散乱強度は電磁波の波長 λ の逆数の 4 乗で，波長が短いほど大きくなります．これはレーリー散乱と呼ばれ，原子の中の束縛電子が電磁波を吸収して揺さぶられ，また，電磁波を放出することによって散乱が起きます．その散乱強度が電磁波の波長が小さいほど大きくなるのです．したがって，可視光の中で波長の短い青色部分が強く散乱され，逆に赤色部分は散乱されずに直進します．夕焼け（朝焼け）が赤いのは，散乱されなくて直進する赤色に対応する波長の長い成分が残るためで，大気の層が薄いために起こります．

10.6　光速の不変性の発見：相対性理論へ

　光速は最初，所与の値として天体現象によって計測されていました．光速を地上実験で測定し，今日知られている値に近いことは，回転歯車を使ったフィゾーの実験から知られ，マックスウェルはこの実験値を自

身の理論で得た電磁波の進行速度 (10.5) と比較しています．その一致が彼を驚かせ，マックスウェルはこのことによって彼の電磁波が光を記述することを確信しました．まだ，電磁波の存在がヘルツによって検証される前です．電磁波の実験的検証は，エーテルの存在を実証したと考えた人が多かったそうです．

　ここで新しい問題が生じました．もし，光がエーテルの中を伝わる波であれば，エーテルの静止系があり，光の伝わる速さは，エーテルとの相対的な速度に依存するはずです．地球は太陽のまわりを高速で公転しており，地球の進む速さはわかっていましたから，この効果がみえると予想されました．しかし，それを光干渉計を使って精密に測ろうとした有名なマイケルソン-モーリーの実験は「失敗」しました．彼らの実験は，光の速さが地球の進む向きによらないことを示していました．

　この実験結果を説明するため，フィッツジェラルドやローレンツは，光速の測定をしているときは，実験装置に使われている物質が，光の進行方向になぜか短縮しているのではないか，という仮説を 1895 年に出します．ローレンツは当時，電子論を考えていて，それを用いて物質の電磁的性質を説明しようといろいろと考えていましたが，彼の光速についての考察は，その影響を受けたものと思われます．しかし，この説明は，観測者の速さが光速に近づくにつれてどんどん大きくなり，補正としてはすまされない根本的な変更が必要であることを示唆していました．それが，1904 年のローレンツ変換の発見につながります．

　いま，簡単のために，x 軸の正の方向に速さ v で動いている慣性系では，x 座標と時間 t は，

$$x' = \gamma(x - vt)$$
$$t' = \gamma\left(t - \frac{vx}{c^2}\right)$$

で変換されます．ここで，

$$\gamma = 1 \Big/ \sqrt{1 - \frac{v^2}{c^2}}$$

はローレンツ因子と呼ばれ，必ず 1 より大きくなります．この変換則が
よく知られたガリレイ変換と違うのは，このローレンツ因子が現れるこ
とと，時間の進み方も変化を受けることです．特に，ローレンツ因子に
よって時間の見かけの進み方が動いている系では遅くみえ，これは時間
の遅れとして知られています．

　このローレンツの発見した変換則は光速がどのような運動をする系で
測っても変化しないことを意味しました．しかし，そもそも光速は電磁
場のマックスウェル方程式から出てきますが，これは電磁場の基本定数
で表されており，慣性系の違いで異なる値をとることは，この方程式が
特別な慣性系でのみ成立する法則であることを意味しています．実際，
ローレンツはそのように考えていました．これに対してアインシュタイ
ンは，そのような特別な慣性系は存在しないと考え，光速の普遍性を原
理にして，ローレンツ変換が出てくることを 1905 年に示しました．ア
インシュタインはローレンツ変換が光速を不変にするだけでなく，すべ
ての物理現象とその法則は，それを記述する慣性系にはよらないことを
主張しました．それが相対性理論と呼ばれるようになりました．この考
えを力学にも適用すると，質量とエネルギーの等価性と呼ばれる有名な
関係式，

$$E = mc^2$$

が出てきます[1]．この考えは，のちにアインシュタインによって重力に
も適用され，ローレンツ変換は，任意の加速度系への変換に拡張されて
いきます．それは一般相対性理論と呼ばれており，新しく見つかった観

---

1)　ここで注意して欲しいのは，この式で光速は 2 つの次元の異なる物理量，エネ
ルギーと質量，を橋渡す役割を果たしているということです．光速はローレンツ変
換則にも現れますが，そこでは時間の次元を空間の次元に変換する役割を果たして
います．

測結果を矛盾なく説明できることから，今日広く受け入れられています．相対性理論の発展については第13章でもう少し詳しく説明します．

10.7　光の粒子説の再興：場の量子論へ

　物質は高温になると光を放出します．これは熱放射と呼ばれます．熱放射は物質の温度とともに変わりますが，その波長分布は熱放射のスペクトルと呼ばれます．熱放射のスペクトルの研究から生まれた重要な成果は，光が波動だけではなく粒子としても振る舞うという認識でした．光の粒子説はアインシュタインによって熱放射の経験則であるヴィーンの分布公式から演えきされていますが，この考えはなかなか受け入れられませんでした．光がマックスウェル方程式で記述される電磁波であるという考えが成功していたからです．また，ヴィーンの分布公式は波長の短いところでしかよく成り立たず，実際，波長の長いところではマックスウェル方程式から演えきされたレーリー-ジーンズの分布公式が観測結果をよく説明していました．この2つの領域をつなぐ分布公式がプランクによって導出され，その過程でエネルギーの量子化とそれを特徴づける定数が発見されています．

　このプランクの熱放射のスペクトルは，光の波動性と粒子性の2つの一見矛盾した性質を融和するものだったのですが，それが理解されるには時間がかかり，それを一番深く考えていたアインシュタインも，このパズルの理解に悩んでいます．彼はこの研究から誘導放射の理論を作りました．すなわち，すでに光子（アインシュタインの光量子）が存在すると，それによって同じ波長をもった光子の放射が誘発されるという効果です．この効果は，ボース統計と呼ばれる量子力学の統計理論により，より一般的に説明されており，光の粒子説は場の量子論に発展しました．

熱放射のスペクトル

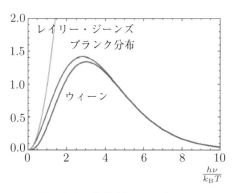

図 **10.6**　**熱放射のスペクトル**

10.8　光の現代的役割

　このように「光とは何か？」という私たちの問いかけの答えは，大きく
変更を受けてきました．それは，この問いかけが科学の進歩の根幹に関
わる，非常に重要な問いかけであったことを物語っています．それと同
時に，私たちの見方が変わったということは，単に自然の理解が深まっ
たというだけではなく，光の日常生活での利用のしかたの変化にも反映
されてきました．

　光は初め，この世界を照らす役割が強調されました．ロウソクや炎か
らの熱放射は，夜に闇を照らして，われわれの活動を活発にしました．そ
れが人間の，他の動物からの優位性に役立ったとも考えられます．抵抗
が電流によって高温になることを利用する白熱球の発明によって，さら
に利用が便利になりました．今日では，蛍光灯や LED などの半導体技
術の発展で，直接，電流から光を発生させて，熱に奪われるエネルギー
を極力小さくする方法が開発され，エネルギー消費の節約が行われてい

ます.

　今日の人間社会で特に光が重要な役割を果たしているのは，それが電磁波であるという認識に基づく，通信手段としての光の利用です．電磁波は，それが発見されるとすぐ，いろいろな情報を電磁波に投影して，それを地理的に遠く離れた場所の間の通信の手段として利用されてきました．ラジオや TV がその例です．このような電磁波に乗せた情報はアナログ情報と呼ばれています．コンピュータの普及によって発達した最近の遠隔通信技術では，大容量のデータを早く正確に伝える必要性からデジタル情報が使われるようになり，その通信手段に光が使われています．光ファイバーがその信号の伝達に使われており，それは，光の波長が短くてデジタル化された情報を，光の強弱として送ることができるようになったからです．この情報を TV，コンピュータや携帯電話などのモニターに像として投影する技術も日進月歩で発達しています．

　光はその理解の深化とともに，私たちの生活にますますなくてはならない存在になっています．

11 | 電子の本性

岸根順一郎

《**目標＆ポイント**》　直接見たり触れたりできない電子の本章を捉えるにはどうすればよいのでしょうか.「電子も光も波として伝わり粒として現象する」という結論はどういう意味でしょうか. そこから何が引き出されるのでしょうか. ニンジンの色には量子力学の原理が詰まっているといいますが, どういうことでしょうか. 電子工学の要となる半導体の性質と電子の波動性はどのように結びつくのでしょうか.

《**キーワード**》　電子, 光子, 電子の干渉, ニンジンの色, エネルギー準位, パウリ原理, 半導体

11.1　電子の発見

電子は物性の主役

　電子が何かを知らなくても, 電子という言葉を知らない人はいないと思います. 本章では, 電子の本性を探ります. 電子は大変軽い素粒子です. その特徴を以下にまとめます.

- 質量は原子核に比べてはるかに軽い.
- 陽子と対等の電荷をもつ.
- 磁気の起源でもある.

　電子の質量は陽子の 1800 分の 1 しかなく, 9.1×10^{-31} kg です. それだけ軽いにもかかわらず, 電荷は -1.6×10^{-19} C で陽子と対等です. 液体中の原子の場合, 重い原子核のまわりに電子がまとわりついて動きます. 身軽な電子は, 原子核から離れてふらふら放浪することもできます. 残された原子は電荷を帯びたイオンとなります.

　固体の場合，原子核は安定位置のまわりでわずかに振動する程度です．一方，電子はやはりふらふらと動き回ることができます．この結果，物質に電場や磁場がかかると電子は敏感にこれを感じ取り，動きます．このため，金属，半導体，絶縁体といった物質の性質（物性）は電子の挙動で決まります．電子はまた，磁気の素でもあります．9章でみたように，電流は磁場を作ります．それだけでなく，電子1個1個が単体として磁気をもちます．この性質をスピンといいます．

　19世紀に始まった電気工学は，20世紀に入って電子工学と名を変えます．その象徴が半導体エレクトロニクスです．半導体エレクトロニクスとは，電子の流れを微細に制御する技術です．この技術がトランジスタやダイオードを生み出し，パソコン，タブレット端末，スマートフォン，USBメモリ，デジタルカメラなどに結実しています．そこでは，電子がもつ電荷とスピンがともに活用されています．本章では電子発見の経緯から始め，量子力学によって解き明かされたその本性に迫ります．

電子の発見

　電子の発見は陰極線 (cathode ray) から始まりました．今では見かけなくなりましたが，テレビのブラウン管は陰極線を使ったものです．希薄な気体を封入したガラス管に，一対の電極を入れたものを陰極管といいます．電極から端子を取り出して高電圧をかけると，マイナス端子側から光線が飛び出します．また，管内に物体を置くと，陰極と反対側にその影ができます．この現象は1868年にドイツのヒットルフが確認し，その後，イギリスのクルックスによって詳細に研究されました．この光線が陰極から出ることを突き止め，陰極線と命名したのはドイツのゴールドシュタインで，1876年のことです．

　陰極線の正体をめぐる研究は物理学の主要テーマとして活発に進めら

(a)

THE

LONDON, EDINBURGH, AND DUBLIN

PHILOSOPHICAL　MAGAZINE

AND

JOURNAL　OF　SCIENCE.

[FIFTH SERIES.]

OCTOBER 1897.

XL. *Cathode Rays.* By J. J. THOMSON, *M.A., F.R.S.,*
Cavendish Professor of Experimental Physics, Cambridge*.

THE experiments† discussed in this paper were undertaken
in the hope of gaining some information as to the
nature of the Cathode Rays. The most diverse opinions are
held as to these rays ; according to the almost unanimous
opinion of German physicists they are due to some process
in the æther to which—inasmuch as in a uniform magnetic
field their course is circular and not rectilinear—no pheno-
menon hitherto observed is analogous : another view of these

(XL. Cathode Rays, J. J. Thomson, Philosophical Maga-
zine, Oct 1, 1897, reprinted by permission of Taylor &
Francis Ltd.)

(b)　cathode rays by an electrostatic force.
The apparatus used is represented in fig. 2.

Fig. 2.

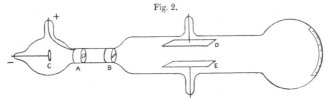

The rays from the cathode C pass through a slit in the
anode A, which is a metal plug fitting tightly into the tube

（ユニフォトプレス）

図 11.1　(a) J.J. トムソンの 1897 年論文の 1 ページ目. (b) 同
論文の Fig.2 として示された陰極管 (Philosophical Magazine 5
(1897) 293).

れました．フランスのペランは光線の途中に置いた金属が負に帯電することから，この光線がマイナスの電気を帯びた微粒子だと主張します．かたや，陰極線が障害物をすり抜けることから，これが波であるとする見解も出されます．この論争に決着をつけ粒子説に軍配を上げたのが J.J. トムソンです．トムソンは，マックスウェル，レイリーと続くケンブリッジ大学キャベンディッシュ研究所の3代目所長です．トムソンが得た結論は，陰極線が負電荷を帯びた粒子のビームであり，その粒子がもつ質量と電荷の比（比電荷）が，水素イオン，つまり陽子の 1000 分の 1 程度であることを突き止めました．1897 年のことです．この粒子こそが電子です．もちろん，トムソンの時代にはまだ原子の構造が明らかになっていません．さらに，陰極線は電子そのものの流れではありません．気体の分子に電子が衝突することで起きる気体分子の発光によって電子の飛跡を可視化したものが陰極線です．しかしいずれにせよ，陰極線に磁場をかけてこれが曲がるのは，電子が磁場から力（ローレンツ力）を受けていることの証拠です．

図 11.1 (a) に，J.J. トムソンが 1897 年に発表した論文の1ページ目を示します．小さく埋もれるように書かれていますが，論文タイトルは Cathode rays（陰極線）です．物理学史に燦然と輝く金字塔的な論文にしては極めて控えめなタイトルです．図 11.1 (b) は，トムソンが同論文中に Fig. 2 として示し，実際に実験で用いた陰極管のスケッチです．C が陰極で，ここから陰極線が出ます．D，E は金属板で，それぞれをプラスとマイナスの電極にすることで間に電場を作ることができます．この電場によって陰極線は上下に曲げられます．また，外から磁場をかけることでも陰極線が曲がります．トムソンは電場と磁場による陰極線の曲がり方を詳細に測定し，比電荷を突き止めたのでした．

ちなみに，電子の発見のほかに陰極線が果たしたもうひとつの重大な

発見があります．それがレントゲンによる X 線の発見です（1895 年）．X 線はやがて，キュリー夫妻による放射能，ひいては核エネルギーの発見につながっていきます．

比電荷の精密測定

電子の比電荷を精密に測定するだけではなく，電子の電荷がそれ以上分割できない根源的なもの，つまり**素電荷**であることを突き止めたのがアメリカのロバート・ミリカンです．ミリカンは，図 11.2 の装置を使い，帯電した油滴が電場中で落下する

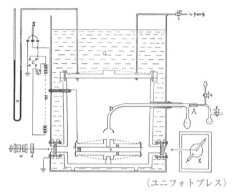

（ユニフォトプレス）

図 11.2　ロバート・ミリカンが電気素量測定に用いた油滴実験装置

速度の精密測定を通して電気素量（素電荷の電気量）を測定しました．ミリカンが最終的に得た電気素量の値は 1.592×10^{-19} C でした．今日の値 $1.602176634 \times 10^{-19}$ C との誤差はわずかです．

11.2　波として伝わり粒として現象する

光の粒子性

J.J. トムソンによって粒子として発見された電子ですが，電子の本性の解明はそれで尽きたわけではありません．背景として，光の本性の解明があります．17 世紀にホイヘンスは光が波であると考え，ニュートンは粒子であると考えました．光の波動説に軍配を上げたのは，19 世紀初頭のヤングの干渉実験です．さらにマックスウェルの電磁波理論が出る

に及び，光が波であることが決定的となりました．

ところがです，光は「波か粒か」ではなく，実は「波でも粒でもある」と言い出したのがアインシュタインです．彼は，光を当てた金属表面から電子が飛び出してくる現象（光電効果）[1]を解釈するには，光がエネルギーを運ぶ粒として振る舞うと考えざるを得ないと結論します（1905年）．飛び出す電子の速さが光の強弱にはよらず，角振動数だけで決まるからです．

波でもあり粒でもあるという奇妙な言い方は，原子レベルのミクロな世界を記述する量子力学特有のものです．この奇妙さを晴らすのが，ごく微弱な光を使ったヤングの干渉実験（図11.3）です．この実験は1981年に日本の浜松ホトニクスが行い，映像を発表したものです．

光の波動性を明瞭に示すヤングの干渉実験は，近接した2本の隙間を通した光が前方に干渉縞を作るというものです．これと同じ実験を，とても目に見えないくらい弱い光で行うのです．すると，驚くべきことに初めのうちスクリーンにはランダムな粒子の分布が現れます．しかし時間とともにこの粒子が蓄積され，やがて明瞭な干渉縞が現れます．

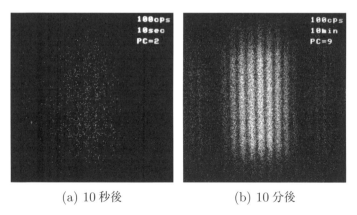

(a) 10秒後   (b) 10分後

図 11.3　微弱な光を用いた干渉実験（1981年，浜松ホトニクス）

---

1)　光電効果自体は，19世紀末にすでに見つかっていました．

　この実験結果を解釈するポイントは 2 つあります．まずは「光の粒が膨大な数蓄積されることで初めて模様が現れた」ということです．これは，縞模様が現れるプロセスが確率統計的であることを意味しています．次に「縞模様が現れたにもかかわらず，スクリーン上には点状粒子として光子が現れる」ということです．この不可思議な事実を受け入れるには，

光は波として空間を伝わり，粒として現象する

と考えるしかありません．粒としての光は光子（フォトン）と呼ばれます．光は舞台裏では波として振る舞い，われわれの目が捉える表舞台に出てきたとたん粒に戻るというわけです．そしてこれを光の本性として受け入れるしかない のです．これが 20 世紀初めの四半世紀の間に準備が進み，1925 年を皮切りにせきを切って発展した量子力学の心髄です．

　「現象する」というのはわかりにくい言い方かもしれませんが，要するにわれわれの世界でその存在を測定できるということです．われわれの世界，といっているのは原子レベルではなく，マクロな日常スケールの世界ということです．光を捉えるスクリーンの大きさは原子スケールではなく，あくまで目に見えるマクロなスケールなのです．

　では，身のまわりの自然現象で光の粒子性を感知できないのはなぜでしょう．答えは光が強すぎるからです．われわれの目に飛び込んでくる光には，膨大な数の光子が含まれています．その数があまりに多いため，個々の光子をひとつずつ感知することができません．その結果，波としての干渉効果がいきなり見えてしまうわけです．

電子の波動性

　光は波として空間を伝わり，粒として現象すると結論しましたが，実は

電子も波として空間を伝わり，粒として現象する

のです．電子の波動性を最初に言い出したのはフランスのド・ブロイです（1924 年）．1927 年，アメリカのデイヴィソンとガーマーはニッケルの結晶に電子線を当て，波としての干渉効果（回折格子と同様の効果）が現れることを確認しています．結晶中で整然と並ぶニッケル原子が，周期的な回折格子のスリットの役割を果たしたのです．日本の菊池正士も，雲母の結晶に当てた電子線が回折模様を作ることを 1928 年に発見しています．

こうして電子が波動であることがだんだんと確立していったわけですが，その本性を鮮明に描き出す実験は，1980 年代に日本の外村彰によってなされまし

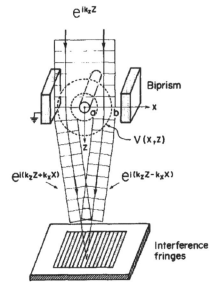

図 **11.4 電子の干渉実験に成功した実験のセットアップ** (Reproduced from "Demonstration of single-electron buildup of an interference pattern" by A. Tonomura, with the permission of the American Association of Physics Teachers.)

た．外村らは，図 11.4 に示す装置を組み上げました．これはテレビのブラウン管の原理とよく似た装置です．タングステンフィラメントなどを熱すると，表面から電子が飛び出してきます．電子銃からポツポツと 1 つずつ飛び出してくる電子を電場で加速し，さらにふた手に分けて再び合流させます．そして，スクリーン上に膨大な数の電子が蓄積されるのを待ちます．

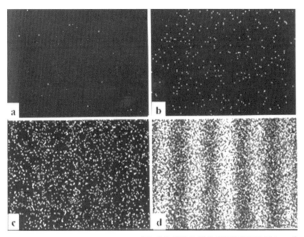

（株式会社日立製作所 研究開発グループ）

図 11.5　電子の干渉パターンが形成される過程

　初めのうち，電子はスクリーン上にランダムに分布しているように見えます．ところが，時間が経過して蓄積される電子の数が増えてくると，スクリーン上に電子が出現する頻度が縞状に分布する様子が見えてきます（図 11.5）．これはまさしく干渉縞です．

波と粒の橋渡し

　光も電子もともに，「波として伝わり粒として現象する」ことを受け入れざるを得ないことがわかりました．では，波としての姿と粒としての姿はどうつながるのでしょうか．波動性を特徴づけるのは周波数 f と波長 λ です．周波数から角振動数 $\omega = 2\pi f$，波長からは**波数** $k = 2\pi/\lambda$ を作っておくと，あとで式の見通しがよくなります．一方，粒子の運動を特徴づける基本量は運動量 p と力学的エネルギー E です．波動性と粒子性を特徴づけるこれらの量は

$$p = \hbar k, \quad E = \hbar \omega \tag{11.1}$$

という関係式で結ばれます. この2つの関係式をアインシュタイン-ドブロイの関係式と呼びます. ここに現れた係数 $\hbar$ は第1章で紹介したプランク定数 $h = 6.6 \times 10^{-34}$ J·s を 2π で割ったもので,

$$\hbar = \frac{h}{2\pi} \fallingdotseq 1.05 \times 10^{-34} \text{ J·s} \tag{11.2}$$

です.

光と電子の類似と相違

(11.1) は空間を自由に伝わる光と電子に対してともに成り立ちます. また, 図11.3 と図11.5 を見比べても区別がつきません. 光と電子は, 量子として全く同様の性質をもっていたのです. ただし, 決定的な違いがあります. 光には質量がありませんが, 電子にはあります. また, 光は電荷をもちませんが, 電子にはあります[2].

電子の波長

電子の波動性が実際の現象にどう現れるかを理解する場合, 電子が閉じ込められた領域の幅 (システムサイズ) と電子の波長 (ドブロイ波長と呼ばれます) の関係が重要になります. ちょうど, プールに波を立てる様子を思い浮かべてください. 25 m プールに波長が 1 mm の細かな波を立てても波動としての干渉効果はよく見えません. 一方, 波長が 10 m の大きな波であれば, 大きな干渉効果を見ることができるでしょう. このように, 例えば, 体重 60 kg の人間が 1 m/s で歩いている場合の波長は $\lambda = 2\pi\hbar/p = 2\pi\hbar/(mv) = 1 \times 10^{-35}$ m という途方もなく短いものになります. この結果, 私たちが波動として干渉効果を起こすことはありえません. ところが, 1 電子ボルト, つまり 1 ボルトの電圧で加速さ

---

[2] さらに光子はスピン 1, 電子はスピン 1/2 です.

れた電子の波長は約 1 ナノメートル（10^{-9} m）となります．これは，原子 10 個分程度の長さです．

波と粒の折り合い

　光の波は電磁波でよいとしても，電子の波とは一体何の波なのでしょう．さらに波の描像と粒子の描像をどう折り合わせればよいのか，という疑問が湧いてきます．これが量子力学の中心的課題になります．量子力学については，第 12 章でより詳しく取り上げます．

11.3　ニンジンの色

　電子の本性が余すところなくあらわれるのがニンジンの色です．ニンジンはオレンジ色に見えます．これがなぜかという問題です．

ベータカロテン

　ニンジンの主成分であるベータカロテンは炭素が鎖状につながった骨格をもつ，共役分子と呼ばれる構造をもちます（図 11.6 (a)）．この種の分子の特徴は，パイ電子といって分子の中を端から端まで自由に動き回れる電子をもつことです．この状況をモデル化すると，長さが $L = 2$ nm 程の空間に，22 個の電子を閉じ込めたものになります[3]．両端を閉じたパイプにビー玉を入れたものを思い浮かべましょう（図 11.6 (b)）．ビー玉はパイプの中を行ったり来たりできますが，外へ出ることはできません．つまり，ある空間領域に閉じ込められています．では，この模型を電子に適用するとどうなるでしょう．つまり，電子を一定の幅の空間に閉じ込めるのです．

---

3)　化学を知っている方へ：二重結合が 11 個あり，1 結合当たり 2 個のパイ電子が供出されて 22 個になります．

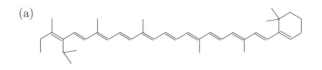

図 11.6 (a) ベータカロテン (C$_{40}$H$_{56}$) 分子の構造．(b) 分子内のパイ電子の状態は，有限な 1 次元領域に閉じ込めた 22 個の電子の系としてモデル化できる．

定常波の形成

電子は波として伝わるので，パイプの中を波として行き来します．これは，ビール瓶に声を吹き込む様子と似ています．ある特定の高さの声を出したときだけ大きな音が出ます．そして，少し音の高さをずらすと音は聞こえなくなります．これと同じことが電子の波にも起こります．パイプからパイプの一端に入射した電子の波は端で跳ね返って反射波となります．そして，入射波と反射波が重なり合って合成波ができます．この結果，波の波長がパイプの長さとうまく整合するときだけ合成波が生き残ります．この合成波は進行せず上下に揺れるだけなので「定常波」と呼ばれます．図 11.7 に定常波が形成される様子を示します．パイプの長さを L とすると，許される電子の波長は $n = 1, 2, 3, \ldots$ として

$$\lambda = \frac{2L}{n} \tag{11.3}$$

となります．

波数は

$$k = \frac{2\pi}{\lambda} = \frac{\pi n}{L} \tag{11.4}$$

なのでアインシュタイン・ドブロイの関係式から運動量は $p = \hbar k =$

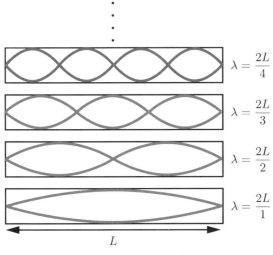

$$\lambda = \frac{2L}{4}$$

$$\lambda = \frac{2L}{3}$$

$$\lambda = \frac{2L}{2}$$

$$\lambda = \frac{2L}{1}$$

L

図 11.7 定常波の形成

$\hbar \pi n / L$ となります. よって, 電子の運動エネルギーは

$$E_n = \frac{p^2}{2m} = \frac{\hbar^2 \pi^2 n^2}{2mL^2} \tag{11.5}$$

となることがわかります. 波長が特定の(トビトビの)値しかとれない結果, エネルギーもトビトビになります. これがエネルギーの量子化と呼ばれる現象です. 式 (11.5) で決まるエネルギーの分布は, 段差の異なる(上へ向かって段差がどんどん大きくなる)階段に似ています. エネルギーの階段は, 電子が取り得る座席に対応します.

スピンとパウリ原理

さて, ベータカロテン分子には 22 個のパイ電子が含まれます. これらの電子は, このエネルギーの階段を下から順に占めていきます. この際, 電子が生まれながらにもっている属性として, これまで紹介しなかった

スピンという性質が効いてきます．フィギュアスケートの選手が自分の体を軸にしてクルクルと回転する様子を思い浮かべてください．同じように，電子には右回りに自転するものと左回りに自転するものがあるとたとえることができる．慣例として，スピンが上向き，下向きの状態をもつという言い方をします．電子は電荷を載せていますから，電荷を帯びて自転することで周囲に磁場を生み出します．つまり電子のスピンは磁気の種なのです．

スピンは磁気の種としての性質だけではなく，電子の振る舞いを厳しく規制する根源的な性質を表します．つまり，

　　　スピンが同じ電子は，同じ状態
　　　を占めることができない

という原理です．これをパウリの排他原理と呼びます．この原理のために，ベータカロテン分子中の 22 個の電子は，上下スピンのペアが下から順に 11 番目の座席までを占めることになります．

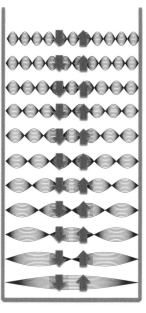

図 11.8　下から 11 番目までの状態に電子を詰めていく．

ニンジンの色

　さて，この分子に光が当たると電子は光からエネルギーを受け取ります．人が，階段の最下段から順に詰めて座っている様子を思い浮かべてください．すると，下の方の人を動かすのは至難です．隣接する段が満席状態のため行き場がないからです．これに対して，最上段の人は空席となっている上の段に飛び移ることが可能です．同じことがベータカロテ

ン中の電子にも起こります．11 番目のエネルギー準位を占める電子が，光からエネルギーを吸収して 12 番目の準位に飛び移る（これを**遷移する**といいます）ことが可能です．このときのエネルギー差は $E_{12} - E_{11}$ ですが，この差を光のエネルギー

$$\hbar\omega = hf = \frac{ch}{\lambda} \tag{11.6}$$

と等しいとおきます．ここで，周波数・波長・波の伝搬速度（光速）の間の関係 $\lambda f = c$ を使いました．これより，波長

$$\lambda = \frac{ch}{E_{12} - E_{11}} = \frac{8mL^2c}{23h} \tag{11.7}$$

が得られます．この結果に電子質量：$m = 9.1 \times 10^{-31}$ kg，箱の長さ：$L = 1.8 \times 10^{-9}$ m[4)]，光速：$c = 3.0 \times 10^8$ m/s，プランク定数：$h = 6.6 \times 10^{-34}$ J·s を代入すると $\lambda = 477$ nm となります．これはちょうど緑色の光に対応します．ニュートンがプリズムの実験によって示したように，太陽光はさまざまな波長の光を含みます．太陽光がベータカロテン分子に侵入すると，ちょうど緑色の光だけがうまく吸収されるわけです．その結果，われわれの目の網膜には緑色以外の光が入射します．結果として，われわれの脳は緑色の「補色」であるオレンジ色を感知するのです．以上が，ニンジンがオレンジ色であることの説明です．このような身近な現象に，電子の波動性，パウリ原理，物質と光の相互作用といった量子力学のエッセンスが詰まっているのです．

補足：数値の計算

(11.7) にそのまま数値を代入すると

$$\lambda = \frac{8mL^2c}{23h} = \frac{8}{23} \times \frac{(9.1 \times 10^{-31}) \times (1.8 \times 10^{-9})^2 \times (3.0 \times 10^8)}{6.6 \times 10^{-34}} \tag{11.8}$$

---

4)　実際には，ベータカロテンの有効分子長を直接測定することは困難です．問題の流れとは逆に，吸収波長を測定してから逆算するのが普通です．

となります．このような，非常に小さな数と大きな数が混ざった計算は，数値部分と指数部分に分けて行います．つまり

$$\lambda = \frac{8}{23} \times \frac{9.1 \times 1.82^2 \times 3.0}{6.6} \times \frac{10^{-31} \times 10^{-18} \times 10^8}{10^{-34}}$$
$$= 4.7657 \times 10^{-31-18+8+34} \fallingdotseq 4.77 \times 10^{-7} \tag{11.9}$$

単位は m です．1 nm（ナノメートル）が 10^{-9} m ですから，これは 477 nm です．

11.4 半導体

固体結晶中の電子

電子の波動性が効くのは原子スケールのミクロな世界の話だけかと思うかもしれません．しかし，ニンジンの色が教えてくれるように，そのミクロな世界のエネルギー準位が日常スケールでしっかりと観察できるのです．電子の波動性はマクロな世界にも現れるわけです．

ベータカロテンの場合，電子は満席の最上段である 11 番目の準位から，空席の最下段である 12 番目に遷移することができました．ところが，もし空席が全くなければどうなるでしょう．電子は状態を変えることができません．状態を変えられないということは，動くこともできないということです．固体結晶中の電子の状態は，このように，完全に満席で埋め尽くされた状態の集まり（バンドという）ができることがあります．満席のバンドしかなければ電子は身動きがとれません．これが絶縁体です．満席でないバンドがあれば電子は動けます．これが金属です．

金属と絶縁体の中間の状態として半導体があります．半導体の場合，満席のバンドの上に空のバンドが控えているものの，かなりのギャップがあります．このギャップをバンドギャップといいます（図 11.9）．例えば，シリコンのバンドギャップは 1.17 eV です．1 eV は，1 個の電子を

1 ボルトの電圧で加速した場合に，電子が得る運動エネルギーに相当します．これを熱エネルギーに換算すると，約 1 万ケルビンという高温になります．これだけの温度に相当する熱エネルギーを投入しないと，バンドギャップを飛び越して電子を動かせないわけです．このため，普通の室温（300 ケルビン程度）では，シリコンは絶縁体として振る舞います．

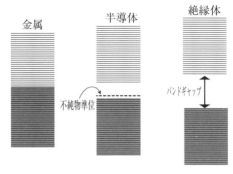

図 **11.9**　金属，半導体，絶縁体の電子状態（概念図）

不純物半導体

　ところがです．純良なシリコンの結晶に，意図的に不純物を混ぜる（「ドープする」という）と，途端に少し電流が流れるようになるのです．不純物をドープすることでバンドギャップ内に新たなエネルギー準位が現れ，ここを足がかりにして電子が遷移できるようになるのです．しかしこの場合，流れる電流はわずかです．チョロチョロと微小な電流が流れるのです．この「チョロチョロ」が重要です．弱い電流によって小さなデバイスを無理なく作動させることができるのです．さらに，この弱い電流が流れる方向を制御したり，流したり止めたりすることができます．

　ここに，「微弱な電流を制御する」という技術的思想が現れます．この思想の産物がダイオードやトランジスタです．パソコンのマザーボードには多数の大規模集積回路（LSI）が搭載されています．LSI は，シリコン単結晶から輪切りに切り出したウエハー上に，リソグラフィー技術で回路を焼き付けることで作られますが，1 cm^2 程度のシリコンチップ上

に，数億個程度ものトランジスタが集積されています．

　半導体エレクトロニクスとは，一言でいえば電子のもつ電荷の流れを
精細に制御する技術です．トランジスタは電子の流れを交通整理したり
電圧を増幅する素子です．ダイオード，サーミスタ，レーザ，発光ダイ
オードなども同様の半導体素子です．1947年に発明されたトランジスタ
は短期間に進化を遂げました．集積回路が実現し，論理回路，メモリ素
子としての働きが確立し，今日のデジタル社会を生み出したのです．

12 | 量子の世界へ

松井哲男

《**目標＆ポイント**》　量子論の発見は，われわれの物質観を大きく変える 20 世紀最大のドラマです．それは，熱放射のスペクトル分布という溶鉱炉の温度を測る現実的な問題から出発し，光とは何かという基本的な問題にまで発展しました．また，それとは相補的な発展として，新しく見つかった電子の原子中での状態という問題から出発して，電子のミクロな運動法則の解明がモチーフとなりました．その結果は，現代物理学の発展の基礎を与えただけではなく，電子や光の利用に依拠した現代文明の基盤になっています．この章では，量子力学の発見に至る量子論の発展の過程を概観します．

《**キーワード**》　プランクのエネルギー量子の発見，アインシュタインの光量子論，ボーアの原子模型，水素原子のスペクトル，粒子波動二重性の謎，コンプトン効果の発見，ド・ブロイの物質波説，量子力学の誕生，ハイゼンベルクの不確定性原理，シュレーディンガーの波動関数，場の量子論へ

12.1　プランクの「エネルギー量子」の発見

　量子論誕生のきっかけとなった熱放射の問題については，すでに他の章でも述べました．それを簡単に復習し，それがプランクのエネルギー量子の発見に至った経緯をもう少し詳しく述べます．

　物質は熱を加えると電磁波を放出し，その電磁波の波長は温度が高くなるほど短くなります．1000 ℃ を超える溶鉱炉からは光が熱放射として放出されています．その波長の分布のことを熱放射のスペクトルと呼びますが，19 世紀末にこのスペクトルを決める実験と理論の努力がなされ，そこから量子論が生まれてきます．

その重要なきっかけをつくったのは，ハイデルベルク大学で化学者ブンゼンと一緒に太陽光スペクトルの研究をしていたキルヒホッフという数理物理学者です．太陽光は太陽の表面の高温物質から放出される熱放射ですが，太陽に含まれる元素のスペクトルを表す，特徴的な輝線・暗線スペクトルを示します．その研究から，ヘリウム原子のような地球上では比較的珍しい元素が発見されています．ブンゼンはブンゼンバーナーの発明者としても有名です．

（ユニフォトプレス）

図 12.1　プランク

キルヒホッフは，熱放射のスペクトルは，観測された熱放射のスペクトルを同じ物質の光の吸収率で割ると，物質によらない温度だけの関数となることを思考実験で証明しました．どのような波長の光も吸収する物質は「黒体」と呼ばれますが，このスペクトルの比は黒体放射のスペクトルと呼ばれるようになり，その形を決める努力が実験と理論の両方から協力して行われました．そして，最終的に得られた結果がプランクの分布公式です．

空洞の中に有限温度で充満する光（電磁波）がもつエネルギー密度 u を，電磁波の単位時間当たりの振動数 ν で分解した値 u_ν を，

$$u = \int_0^\infty d\nu\, u_\nu \tag{12.1}$$

で定義すると，プランクの分布公式は，

$$u_\nu = \frac{8\pi h\nu^3}{c^3} \frac{1}{e^{h\nu/k_{\mathrm{B}}T} - 1} \tag{12.2}$$

で与えられます．

このプランクの分布公式には，3つの基本定数が現れます．まず，c は

光速であり，電磁波がマックスウェルの方程式を満たすことから入って
きました．k_B はボルツマン定数と呼ばれる統計力学の基本定数となって
います．この定数は温度 T とペアで現れ，温度 T をエネルギーの次元に
変える役割を果たします．実は，この定数を最初に導入したのはプラン
クで，彼はエントロピーの「ボルツマンの公式」

$$S = k_B \ln W \tag{12.3}$$

を通してこの定数を導入しました．ここで W はエネルギー E の分配の
方法の数を表しますが，プランクはこの W を計算するために，これ以上
分割することができないエネルギーの単位を，振動数に比例して

$$\epsilon = h\nu \tag{12.4}$$

とおきました．ここで，量子論を特徴づける新しい定数 h が初めて登場
します．この定数は振動数 ν をエネルギーの次元に変換する役割を果た
しますが，その値は現在では 9 桁まで正確に測定されています．この定
数 h はプランク定数と呼ばれ，光速 c とともに MKS 単位系を定義する
のに使われています．

　プランクの分布公式は ν が小さいところで，

$$e^{h\nu/k_B T} \simeq 1 + h\nu/k_B T$$

と近似すると，

$$u_\nu \simeq 8\pi\nu^2 k_B^2 T^2 \tag{12.5}$$

となり，これはレーリー–ジーンズの分布公式と一致します．この公式に
はプランク定数 h は現れません．レーリーとジーンズはマックスウェル
の電磁波の古典論にエネルギーの等分配則を用いてこの公式を導きまし
た．しかし，この公式を使って，熱放射の全エネルギー密度 u を計算し

ようとすると発散が起きます. この発散は, ν の大きなところから起きているため紫外カタストローフと呼ばれています. 明らかに古典論による計算が間違っていることを示していました.

一方, 逆に ν が大きいところでは,

$$e^{h\nu/k_{\mathrm{B}}T} - 1 \simeq e^{h\nu/k_{\mathrm{B}}T}$$

と近似でき, プランクの公式は

$$u_\nu \simeq \frac{8\pi h\nu^3}{c^3} e^{-h\nu/k_{\mathrm{B}}T} \tag{12.6}$$

と近似できます. これは, ヴィーンの分布公式と呼ばれ, プランクの分布公式の前にヴィーンによって提案されていたものと同じ形をしています (ヴィーンはもちろんプランク定数 h を使っていません!). ヴィーンの分布公式は観測値にうまくフィットするように考えられたものですが, プランクは, それを彼の得意な熱力学のエントロピーの公式を使った考察から出しています. そのあとで観測結果が ν の小さいところで違っていることがわかり, 急きょ目標を変更して, 2 つの極限での観測値を再現するようにプランクの公式を導出しました. そして, その「内挿公式」の再導出を統計力学の公式 (12.3) から出発して行い, その過程で彼の名前のついた定数を発見したのです.

このプランクの熱放射のスペクトルの公式は 1900 年の末に発表されていますが, 20 世紀の物理学の全く新しい発展を飾る仕事となるはずでした. しかし, プランクは彼のエネルギー量子仮説 (12.4) を, 観測結果を再現するためにやむなくとった, とあとで述べています. 実際, 保守的な彼は, すでに知られた法則から h の値を導出しようといろいろと試みていましたが, それらはすべて失敗に終わりました. 5 年後の 1905 年に, 若い無名のアインシュタインが彗星の如く現れ, 電磁波の古典論で

は出てこなかったヴィーンの分布公式の物理的解釈を出します．それは
プランクにとって驚がくする内容でした．

12.2 アインシュタインの光量子論

アインシュタインの光量子論の最初の論文が出たのは 1905 年で，この
年は物理のミラクルイヤーと呼ばれています．この年にアインシュタイ
ンは，光量子論，（特殊）相対性理論，そしてブラウン運動の理論の 3 つ
を立て続けに発表していますが，そのどれも物理学に「革命」を起こす
内容であったからです．ブラウン運動の理論はアインシュタインの学位
論文になった論文ですが，それは古典力学の長年の課題であった原子論
の正しさを，統計平均からのゆらぎに着目して検証できることを示す画
期的な内容でした．アインシュタインは相対性理論の仕事で今日最もよ
く知られていますが，それについては次の章で詳しく説明します．実は，
アインシュタイン自身は，このミラクルイヤーの最初に発表された光量
子論の論文を「最も革命的」と言っています．この理論がそれまでの古
典物理学の常識との決別を決定的にしたからです．

アインシュタインは，実験によく合うプランクの分布公式ではなく，光
の振動数 ν が大きいところでよい近似
となるヴィーンの分布公式に着目し，そ
の意味を考えました．彼は，このヴィー
ンの分布公式を使って熱放射のエント
ロピーを計算し，それが気体分子のエ
ントロピーの公式と非常によく似てい
ることに気がつきます．それから彼が
引き出した結論は，ヴィーンの分布公
式は少なくとも ν が大きなところでは，

（ユニフォトプレス）

図 12.2 アインシュタイン

光はプランクのエネルギー量子 (12.4) をもつ粒子として振る舞っている
ように見える，ということでした．これは，それまでのマックスウェル
理論の常識を覆す，非常に大胆な見方で，無名のアインシュタインの主
張は長く無視され続けました．しかし，アインシュタインはヴィーンの
分布公式から k_B の値が決まることにも注目しており，それが彼のブラウ
ン運動の理論から得た値とほぼ一致したことから，彼の一連の考え方の
正しさを確信していたようです．そして，光をエネルギー量子をもった
粒子としてみると簡単に理解できる現象がほかにないかと考えます．そ
の結果，彼が見つけた現象のひとつが光電効果の現象でした．

　光電効果は物質に光を当てると電子が飛び出してくる現象であり，電
磁波を発見したヘルツが最初に発見したといわれています．ただし，光
の強度を増しても飛び出してくる電子の数が増えるだけで，そのエネル
ギーは変わりませんでした．電磁波のような波の運ぶエネルギーは，そ
の振幅の 2 乗に比例して大きくなりますから，この振る舞いは光のマッ
クスウェル理論からは説明ができませんでした．

　アインシュタインはこの現象を，プランクのエネルギー量子をもった
1 個の振動数 ν の光量子が，物質中の 1 個の電子に吸収されて，そのす
べてのエネルギーを明け渡し，その電子が物質に特有なあるエネルギー
P を失って出てくると考え，出てくる電子のエネルギーは

$$E_e = h\nu - P \tag{12.7}$$

で与えられることを示しました．そして，このアインシュタインの関係
式は，実際に光電効果で出てくる電子のエネルギーをよく説明できるこ
とがわかりました．

　しかし，アインシュタインの光量子論は光電効果の説明に成功したに
もかかわらず，一般に受け入れられることはありませんでした．のちに

この関係式を，精度よく観測したアメリカのミリカンも，なぜか一般に
否定された理論によって彼の実験結果がよく説明できることに驚いてい
ます．

　光量子論が受け入れられなかった理由は，実験をよく再現するプラン
クの熱放射の公式は，小さい振動数 ν の領域で古典的な波動論から導か
れたレーリー–ジーンズの分布公式に一致したからです．アインシュタイ
ンもそのことを理解していて，プランクの分布公式からゆらぎを計算する
と，粒子の結果と波動としての結果の和となることを示しています．光
は粒子性と波動性の矛盾する両方の性質をもっていたのです．すでに前
章で述べたように，アインシュタインはプランクの分布公式をどうやって
彼の光量子論で導出するかを考え続け，1915 年になって**誘導放射**によっ
てその説明に成功します．

　しかし，彼の光量子論が広く受け入れられるようになったのは 1923 年
のコンプトン効果の発見でした．その前に，もうひとつの量子論の重要
な発展について述べます．

12.3　ボーアの原子模型

　ボーアはコペンハーゲン大学を卒業して，電子の発見者であるケンブ
リッジ大学の J.J.トムソンのところに修行にやってきますが，トムソンの
弟子であったラザフォードの原子核発見の話を聞き，当時まだマンチェス
ター大学にいたラザフォードの下で修行を続けることにしました．ボー
アはラザフォードの下で，物質中を通過する粒子のエネルギー損失の研究
を行いましたが，ラザフォードの原子描像の問題に興味をもち続け，コペ
ンハーゲンに帰ってから有名な原子模型の論文を発表しました．1913 年
のことです．

　ボーアの原子模型は，1911 年にラザフォードによって見つかった原子

核と，そのまわりを電子が回っているという描像の矛盾から出てきました．彼は，まず電子が原子核のまわりを半径 r の円運動をしているという簡単な描像を描きます．ここからは簡単のために水素原子を考え，電子は重い陽子のまわりを円運動していると考えます．したがって，原子核は電子の速さを v とすると，陽子と電子は正負の電荷 $\pm e$ をもっていますから，その間にはクーロンの引力が働き，円運動の遠心力とこのクーロン力との釣り合いの条件

$$\frac{mv^2}{r} = \frac{e^2}{4\pi\epsilon_0 r^2} \tag{12.8}$$

で円運動が保たれます．これだけだと，電子は円運動することによって電磁波を放出し，徐々に運動の半径が小さくなって，原子核に落ち込んでいくのですが，それを食い止めるために，ボーアは全く新しい考えを導入します．それは，電子の軌道が，ある条件をもったものしか許されないとしたのです．その条件は，電子の角運動量が，プランクの h を 2π で割った量の整数倍で量子化されるという考えです．式で書くと，

$$mrv = \frac{nh}{2\pi} = n\hbar \tag{12.9}$$

となります．この2つ目の条件によって電子軌道は量子化され，許される軌道は整数 n によって特徴づけられます．ボーアはその許される軌道を定常状態と呼び，n をその状態の量子数と呼びました．定常状態の半径と電子の速さも n で量子化されます．そして重要なことは，この軌道を回る電子のエネルギーも量子化され，n^2 に反比例することが出てきます．すなわち

$$E_n = -\frac{E_\mathrm{R}}{n^2} \tag{12.10}$$

（ユニフォトプレス）

図 12.3 ボーア

となることが示されます．ここで，係数 E_R の値は

$$E_\mathrm{R} = \frac{1}{2} \left(\frac{e^2}{4\pi\epsilon_0 hc} \right)^2 m_\mathrm{e} c^2 = 13.6 \text{ eV}$$

となり，その値は $n = 1$ の最も強く結合した電子状態の結合エネルギーに一致することがわかります．ボーアはこの状態を**基底状態**と呼びました．基底状態よりエネルギーの低い状態はないので，この基底状態にある電子は安定に存在します．さらに，ボーアは，電子軌道がある定常状態 n_1 から，それより小さい n_2 の値の定常状態に遷移するとき，2 つの定常状態のエネルギーの差が電磁波のエネルギーとなって放出されるとしました．すると，放出される電磁波のエネルギーは

$$E_\gamma = E_\mathrm{R} \left(\frac{1}{n_2^2} - \frac{1}{n_1^2} \right) \tag{12.11}$$

で表されることになります．この結果を，プランクの関係式を使って電磁波の波長に変換すると，$n_2 = 2$ の場合，すでに知られていた水素原子のスペクトルに現れるバルマー列と呼ばれる輝線構造にぴったり一致することがわかりました．さらに，$n_2 = 1$，$n_2 = 3$ の場合も見つかり，それぞれ，ライマン列，パッシェン列と呼ばれています．

　このように，ボーアの原子模型は，ラザフォードの原子が安定に存在するだけでなく，すでに知られていた水素原子のスペクトルの不思議な規則性の説明に成功したのです．ただし，この成功は，水素原子のような電子が 1 個だけあるような原子に限られていました．さらに電子が 1 個の場合でも，その角運動量が大きくなると軌道は楕円形になり，その場合のボーアの量子化条件の拡張が，ゾンマーフェルトによって行われました．この場合，量子化された角運動量は，さらに楕円軌道の向きによって量子化されて変わっていくことが示されました．どちらの場合も古典的な電子軌道があり，その半径と向きが量子化されることを意味していました．この折衷的な理論は「前期量子論」と呼ばれていますが，ニュー

トンの運動方程式のように，どのような場合にも使える新しい力学の原理の発見が望まれました．

12.4 深まる粒子・波動二重性の謎

光が電磁波としての波動性と同時に粒子性をもっていることに，アインシュタインは気づいていましたが，それが一般に受け入れられるようになるには時間がかかりました．アインシュタインを，彼の相対性理論の仕事で高く評価して，ベルリン大学に教育義務のない破格の待遇で迎え入れたプランクも，光量子論の仕事は評価していませんでした．「アインシュタインのような天才も時々的外れなことをする」と言っていたそうです．まわりの冷たい視線にもめげず，アインシュタインはこの問題を一人で悩み続けますが，それに新しい光明をもたらしたのは，1923 年のコンプトン効果の発見でした．

コンプトン効果は光の電子による散乱で，散乱された光の波長が長くなる現象ですが，コンプトンはこれを光量子論を使って定量的に説明できることを示しました．彼の使った光量子のエネルギーと運動量は光の振動数 ν を使って

$$E_\gamma = h\nu, \quad p_\gamma = \frac{h\nu}{c}$$

で表されます．運動量はベクトル量で向きがありますが，それは光の向きで与えられます．ここで，光の振動数 ν は光の波長 λ と

$$\lambda = \frac{c}{\nu}$$

という関係にあることに注意してください．コンプトンは光量子も粒子であれば運動量をもつと考えたそうですが，アインシュタインはそのことをうっかり忘れていたと後で話しています．光量子は静止した自由電子との散乱により，電子にエネルギーと運動量を明け渡すため，散乱で

光の波長が伸び，その散乱前後の変化は，散乱角 θ の関数として，

$$\lambda' - \lambda = \frac{h}{m_e c}(1 - \cos\theta) \tag{12.12}$$

で与えられることを示すことができます．

　この結果は彼の実験結果をよく再現しましたが，それでもこの解釈に納得のいかない人がいました．あのボーアもその 1 人で，彼はエネルギー保存則も破れているのではないかと考えたそうです．ところが，コンプトンは光との衝突で反跳する電子も同時に捉えることに成功し，そのエネルギーが粒子散乱の結果で解釈でき，エネルギーの保存則も成立していることを確認するに及んで，さすがのボーアも光量子論を受け入れたそうです．それくらい，光の粒子・波動二重性は不思議なことでした．

　この問題に新しい転機をもたらしたのは，コンプトン効果の発見と同じころに，L. ド・ブロイによる，「電子も粒子とともに波動の性質をもつのではないか」という提案でした．ド・ブロイはフランスの名家の出身で，最初は文系の教育を受けたそうですが，30 歳を過ぎて書いた学位論文でこの説を唱え，その評価に困った審査員はアインシュタインに意見を聞いたそうです．アインシュタインは即座に，素晴らしいアイデアだと褒めたたえたといわれています．

　ド・ブロイは電子も波動としての性質をもつと考え，そのエネルギーと運動量と波の振動数と波長の間に光と同じような関係があるとしました．ただし，彼は光のように相対論的なエネルギーと運動量の関係を使っています．そして，この振動数と波長を使って電子の平面波を考えます．ド・ブロイは，この電子の波を**物質波**と呼びました．

　物質波の存在は，すぐにアメリカのダビソンとガーマーによって，電子の金属による散乱における干渉縞の測定で検証されます．日本でも，若い菊池正士が理化学研究所でその実証実験を行ったと伝えられていま

す．この効果はすぐに実用化され，現在では市販の電子顕微鏡の原理として使われています．また，その解像度は電子の波長に依存し，高エネルギーの電子ほど小さな領域を見ることができますが，それが電子加速器でどんどん高エネルギーのものが作られている理由です．

いずれにせよ，ド・ブロイによる電子の粒子・波動二重性の発見は，量子力学のシュレーディンガー方程式の発見へと続く，大発見だったのです．

12.5 量子力学の発見

量子力学はプランクのエネルギー量子の発見から4半世紀の紆余曲折を経て発見されました．その形は最初，2つの全く違った数理形式を使って定式化されたため，全く異なる理論であるかにみえましたが，やがて同じ物理的内容を表現する，2つの異なった数理的形式であることがわかり，その間の変換のルールも，もう少し一般的な定式化から明らかになりました．

最初のブレークスルーは，ミュンヘン大学のゾンマーフェルトのところで教育を受けたドイツ人の新進気鋭の若手，ワーナー・ハイゼンベルクによって達成されました．彼は，ボーアや彼の先生が発展させた前期量子論で，電子軌道という観測できない概念が使われていたことを批判し，物理の基本法則は，観測可能な量だけから構成すべきと主張します．例えば，電子の位置や運動量は直接的には観測不可能であり，ある電子の状態（ボーアの定常状態）から違う定常状態に変化するときだけ意味があるとします．これは，電子の位置座標や運動量といった物理量が普通の量ではなく，遷移の起こる2つの定常状態の足のついた行列であることを意味しました．このことから彼の定式化した量子力学は**行列力学**と呼ばれます．

　ハイゼンベルクは彼が提案した不確定性関係で有名です．例えば，粒子の運動を考えるとき x 方向の座標とその方向の運動量 p_x は，交換関係，

$$xp_x - p_x x = i\hbar$$

を満たす，非可換な量となります．この式は量子化条件と呼ばれています．これは，x と p_x が同時測定可能な物理量ではなく，どうやってもそれぞれの観測結果の積に不確定性，

$$\Delta x \, \Delta p_x \geqq \frac{1}{2}\hbar$$

が生じることを意味します．これを，ハイゼンベルクの不確定性関係と呼びます．これは，例えば片方を正確に測定すれば，もう片方が全く確定値をもたないことを意味しています．

　量子力学のもうひとつの定式化は，オーストリアのチューリッヒ大学で教鞭をとっていた熟練の理論家シュレーディンガーによって 1926 年初頭に発表されました．その前年の暮れに大学のコロキウムでド・ブロイの物質波を紹介したとき，同僚から波があるのならその方程式があるはずだとの指摘があり，クリスマス休暇を使って彼の名前を冠した電子の波動方程式を導いています．ド・ブロイの平面波と違い，彼は水素原子の中に，クーロン力で束縛された電子の従う波動方程式を導きました．そして，水素原子のスペクトルにおいて，定常状態についての固有値問題を解くことで，ボーアと同じスペクトルが出てくることを発見しています．ここで，彼の定常状態というのは波動関数が時間によらない場合で，その波動関数を固有状態にもつような電子の運動を指し，そのエネルギーが電子のスペクトルを決めます．彼の量子力学は**波動力学**と呼ばれます．

　シュレーディンガーの波動力学には，行列力学にはなかった波動関数

というものが出てきます．これはド・ブロイの物質波の一般化ですが，シュレーディンガーは彼の波動方程式はマックスウェル方程式のようなものだと考えていたようです．しかし，そこに出てくる波動関数は全く違う意味をもつことが次第にわかってきます．波動関数は確率振幅とも呼ばれ，シュレーディンガーが用いた座標の関数としての波動関数は，その絶対値の2乗が，その粒子をその場所で見つける確率（密度）を表していたのです．

　ハイゼンベルクの行列力学と，シュレーディンガーの波動力学は，数理的な形式だけでなく，使われている物理概念も全く違ってみえました．そのため，この2つは最初，全く違うもののようにみえました．ハイゼンベルクの方法で水素原子のスペクトルが出てくることは，ハイゼンベルクの先輩であったウォルフガング・パウリによって巧妙に示されました．したがって，この2つの方法は同じことを，一見違った方法で定式化したことを示唆していました．

　2つの理論形式の関係を統一したのは，イギリスのケンブリッジ大学の学生であったポール・ディラックでした．ディラックは先生のところに送られてきたハイゼンベルクの仕事を読んで，その意味を独自の数理形式で理解し，それを使って後に出てきたシュレーディンガーの仕事との関係を理解しました．結局のところ，この2つの一見違った数理形式は，数学の線形代数の方法に帰着できるのですが，ディラックは非常に個性的な方法でそれを行い，量子力学の有名な教科書を書いています．ディラックは2つの異なる定式化の間の変換関係を明らかにし，その功績は変換理論と呼ばれていますが，行列力学に最初なかった波動関数の概念を，状態ベクトルを使って導入し，ブラとケットという名前をつけています．ディラックの用語は現在標準的な方法の一部として，世界中で使われています．

（Science Source Images/ユニフォトプレス）

図 12.4　第 5 回ソルベー会議

　量子力学が発見された直後に開かれた第 5 回ソルベー会議の集合写真
があります．この写真には，量子論の発展に貢献したほとんどの人が一
堂に会しています．最前列中央はアインシュタインで，この会議のテー
マ「電子と光子」を象徴しています．そのすぐ後ろには，ディラック，
A. コンプトン，L. ド・ブロイが並んで写っています．その一人おいて右
側がボルン．ボーアはその右隣にいます．第 3 列の中央には，シュレー
ディンガー，一人おいて，その右隣にはパウリとハイゼンベルクが見え
ます．最前列でアインシュタインの右隣は，会議の議長を務めたローレ
ンツ，その左にはキュリー夫人，プランクなどの大御所が座っています．
　この会議でアインシュタインは話をしませんでしたが，ボーアはアイン
シュタインを意識して新しくできた量子力学の解釈の話をしました．い
わゆる「コペンハーゲン解釈」と呼ばれているもので，ボルンによる波動
関数の確率解釈の一般化となりました．しかし，アインシュタインはそ

れに納得できず，異を唱えました．これが，長く続くボーア-アインシュタイン論争のきっかけとなりました．しかし，その後の華々しい量子力学の成功により，ボーアの筋書きが正しかったと考えられています．

12.6　その後の発展

　量子力学は1926年にほぼ完成しましたが，その後もいろいろな問題の記述に応用されて成功しただけでなく，その内容も大きく発展しました．ボーアの角運動量の量子化の意味やトンネル効果など，それまでの力学になかった新しい特徴がわかり，その役割も明らかになりました．

　特に，量子力学がそれまでの古典力学と違っていたのは，同種粒子の多体系の記述でした．古典力学では，同種粒子でも個々の粒子は互いに識別できることを当然のこととしてきましたが，量子力学では，同じ粒子では基本的に違いを知る方法がなく，それらを区別できないことがわかりました．それだけでなく，粒子には2種類あり，この種類によって多粒子系の性質も根本的に異なることがわかり，古典力学に存在しなかった新しい量子力学的現象に，そのことが反映されていることがわかりました．この2種類の粒子は，フェルミ粒子（フェルミオン）とボース粒子（ボソン）と呼ばれています．

　フェルミ粒子の代表は電子ですが，物質を構成する基本粒子は皆フェルミ粒子であると考えられています．例えば，原子核の要素である陽子や中性子，それらの構成粒子であるクォークもフェルミ粒子です．さらにまた，ニュートリノもフェルミ粒子だと考えられています．これらのフェルミ粒子はスピンと呼ばれる「内部角運動量」が，$\hbar$を単位として，1/2の値をもっており，同種粒子は同じ状態を1個しか占められないという性質があります．この規制ルールはパウリ排他律と呼ばれ，特に電子に対するこの規制は，原子が大きさをもち，互いに近づけないという

物質の安定性を説明する重要な役割を果たしています．また，ボーアによって強調されたように，これは元素の化学的性質を決め，個々の原子の構造と周期表を説明します．

　ボース粒子のよく知られた例はアインシュタインの光量子で，今日では光子（フォトン）と呼ばれています．フェルミ粒子と違って，ボース粒子は互いに近づくのを好み，たくさんのボース粒子が集まると個々の粒子性はみえなくなり，集団としての波動性が顕著になります．光が電磁波として認識されたのはこのせいです．ボース粒子は，スピンが $\hbar$ の整数倍になっており，光子のスピンは $\hbar$ です．また，原子核の結合や崩壊に関係する力を媒介する粒子もボース粒子と考えられています．グルーオンや W^+，W^-，Z^0 粒子がその例で，皆，光子と同じでスピンは 1 です．

　自然界に存在する粒子の多くは基本粒子ではなく，それらが結合した複合粒子ですが，その複合粒子がフェルミ粒子であるかボース粒子であるかは量子力学の簡単なルールで決まっています．フェルミ粒子が奇数個でできた粒子はフェルミ粒子，偶数個集まった粒子はボース粒子となります．例えば，ヘリウム原子は原子核と 2 つの電子からできた複合粒子ですが，原子核が 2 つの陽子と 2 つの中性子からできた通常のヘリウム 4 粒子はボース粒子となり，中性子の数が 1 個のヘリウム 3 粒子はフェルミ粒子となります．また，陽子や中性子は 3 つのクォークでできていると考えられていますが，その場合もフェルミ粒子となり，湯川の予言した核力の素になる中間子はクォークとその反粒子（これもフェルミ粒子）の結合した複合粒子でボース粒子となります．ボース粒子はたくさん集まると場としての性質が顕著になり，ヘリウム 4 の超流動という特異な性質はこのためだと考えられています．

　フェルミ粒子やボース粒子の性質は他粒子の波動関数の性質に由来しますが，それを簡単に取り入れる方法として場の量子化の方法がありま

す．これは，量子力学の定式化に活躍したディラックが，最初に光子を記述するために導入した方法ですが，それはフェルミ粒子にも拡張され，今日では，すべての粒子は場の量子論によって記述されています．この場の考え方は，基本的に電磁場の拡張ですが，それらは基本的に特殊相対性理論と整合性をもってつくられており，非常に精度よく実験結果を再現するため広く受け入れられています．その運動方程式は，フェルミ粒子の場合，非相対論的なシュレーディンガー方程式を拡張したディラック方程式によって記述されています．ボース粒子は電磁場の拡張で記述されています．

　量子力学の発展から得られた場の量子論によってクローズアップされた数学的困難もありますが，それをうまく回避する方法も見つかり，今日ではその法則は基本法則として正しいと考えられています．この方法は，日本では朝永の「くりこみ理論」と呼ばれ，今日の素粒子の標準理論の礎になっています．

13 時空と宇宙

松井哲男

《目標＆ポイント》 相対性理論は電磁気学の法則の理解から生まれ，アインシュタインによって時空の理論へと発展しました．特殊相対性理論による力学の変更は量子力学にも取り入れられて，その成果は素粒子物理学の基礎となっています．また，アインシュタインによって重力への一般化としてつくられた一般相対性理論は，今日では，膨張宇宙を記述するのになくてはならない枠組みとなり，ブラックホールのような重力崩壊によってつくられる天体の存在が知られています．この章では，相対性理論の形成過程をたどり，それがもたらした重要な物理現象を概観します．

《キーワード》 ローレンツ変換，光速不変の原理とアインシュタインの特殊相対性理論，ミンコフスキーの「時空」，伸び縮みする時間と空間，慣性質量と重力質量と等価原理，時空の歪みと一般相対性理論，時空の計量テンソル，アインシュタイン方程式，膨張宇宙，ブラックホール

13.1 慣性系の変換と光速不変の発見

　まず，相対性原理の発見に至ったことの経緯から話を始めます．それは，古い力学の法則の対称性に始まり，観測技術の発達によって明らかになった19世紀に完成した電磁場の法則との矛盾が引き金となりました．

　相対性理論は古典力学にもあります．ニュートンの運動法則の慣性系の変換による不変性です．この場合は，ガリレイ変換が変換則を与えます．例えば，ある方向に一定の速さ v で動いている系で運動方程式をみても，同じ形，つまり質量に加速度をかけたものが力を与える，という形で書けます．式で書くと，運動方程式は，

$$ma = F$$

新しい慣性系の座標の，もとの系の座標との関係は

$$r' = r - vt \tag{13.1}$$

と書けます．ここで，時間 t は慣性系によらない運動を記述するパラメータと考えられており，絶対時間と呼ばれています．実は，力学の法則の定式化を行ったニュートンの『プリンキピア』では，これらは常識と考えられており，彼は特に注意を払ってはいません．加速度は，注目する質点の位置座標 r の，この時間に関する 2 回微分で与えられ，慣性系の変換で変化しません．もちろん，質量や力のベクトル F も慣性系によらない量と考えられています．

電磁気の法則は，力の法則を場の法則で置き換えましたが，この法則を与えるマックスウェル方程式は時間に関する 1 階の微分で書かれ，この法則の不変性は自明ではありません．それは，慣性系のガリレイ変換 (13.1)で不変とはなりません．例えば，点電荷はその静止系では等方的に広がった電場を作り，磁場は作りませんが，電荷が動いている系でみると，電場だけでなく磁場もそのまわりに作ります．動く電荷は電流を作るからです．

このことは，電磁波の運動を考えるとさらに明らかになります．マックスウェル方程式で記述される電磁波は光速で進行する波となりますが，そのとき，電磁波は何の波かということが問題となります．多くの人は，音波が空気を伝わる波であるように，光を伝えるエーテルという物質があると考えました．しかし，そうだとするとエーテルの静止系があり，それに相対的に動いている系では光の速さは変わるはずです．地球は太陽のまわりを高速で回転しており，その進行の向きによって光の速さは変わると思われます．この効果は光干渉計によって精密測定を行ったマイ

ケルソン-モーリーの実験によっても観測できませんでした．光速はどのような慣性系で測っても同じ値となったのです．

　これは私たちの常識から考えて非常に不思議なことでした．なぜなら，これは速度の加法則を破る結果だったからです．速度の加法則というのは，地上からみて，ある速度 v_1 で進むものを，もう 1 つの速度 v_2 で進む観測者からみると，速度は $v_1 - v_2$ で進むようにみえるというものです．光の測定結果は明らかにこのルールに反していました．

　マックスウェル方程式に戻って考えると，光の速さは電磁場の基本方程式の中に定数として現れますから，その値が慣性系によって異なるというのは何か変です．現象を記述する基本方程式に光速という定数が現れることは特別な慣性系があるということを意味しますが，しかし，方程式の中にはこの特殊な慣性系をとる方法はないようにみえます．

　「電子論」で物質の内部構造を電磁気の法則を使って理解しようとしていたヘンドリック・A. ローレンツは，マイケルソン-モーリーの実験結果を知って，物質の長さが慣性系の運動方向に収縮するという仮説を立てます．1895 年のことです．そして 9 年後に慣性系の新しい変換則を発見します．この変換則はローレンツ変換と呼ばれ

$$r' = \gamma(r - vt) \tag{13.2}$$

で表されます．ここで，

$$\gamma = \frac{1}{\sqrt{1 - v^2/c^2}} \tag{13.3}$$

は，ローレンツ因子と呼ばれ，ガリレオの変換則 (13.1) との違いを表しています．この因子が常に 1 より大きくなることに注目してください．実は 9 年前にローレンツが提案していたローレンツ収縮は，この部分から出てきます．もうひとつ，この変換則が，常識と違っていたのは，時

間も

$$t' = \gamma \left(t - \frac{vx}{c^2} \right) \tag{13.4}$$

のように変換を受けることです．ローレンツ因子はここにも現れ，新しい慣性系では時間の進み方が $\gamma > 1$ だけ遅くなることを表していました．ただし，ローレンツはこの変化した時間を「見かけの時間」と呼び，エーテルの静止系での時間を真の時間と考えていました．彼にとって，エーテルは常に存在していたのです．

　この新しい慣性系の変換則は，電磁場のマックスウェル方程式を違った慣性系でみても同じ形になるという要請から導出できます．新しい慣性系が最初の慣性系に対してある速度で運動している場合は，その運動の方向の座標は変化しますが，それに垂直な座標は変化しません．一方，電磁場の変換則は，2つの慣性系の相対速度の方向には変換されず，垂直方向の電場と磁場の成分が混合され，やはりローレンツ因子が現れます．この電磁場の変換を行うと，マックスウェル方程式は変換された電磁場に対し同じ形となり，そこに同じ定数が現れます．したがって，光速はどの慣性系でみても同じ値となります．

　この一件複雑な関係は，何かより簡単な原理によって理解できるように思われます．ここでアインシュタインがさっそうと登場し，新しい見方を提示します．それはのちに特殊相対性理論と呼ばれるようになりますが，電磁場の法則のローレンツ対称性を，時間と空間の対称性の原理として，より一般的にみる考え方でした．

13.2　アインシュタインの慧眼：特殊相対性原理

　アルベルト・アインシュタインは 1879 年に南ドイツのウルムという古い町に生まれ，ローレンツの収縮仮説が提案された年には 16 歳になって

いました．彼はこのころ，光を追いかけたらどうなるかという思考実験を行っています．もし，光に追いつくことができたら，その波は止まって見えることになり，それはありえないと考えた，と言っています．この考察が全面的に正しいわけではありませんが，アインシュタインにとって光速が不変であることは常識であったようです．

　彼は 1905 年に書かれた有名な論文で，光速一定を原理にして，慣性系のとり方によって物理法則が不変である要請から，ローレンツと同じ慣性系の変換則を導いています．アインシュタインがローレンツと異なっていたのは，どのような慣性系でも物理法則は同じで，光速も変わらないということを原理にしたことです．これは，特殊相対性原理と呼ばれ，エーテルの存在を否定することを意味しました．

　1905 年は物理の「奇跡の年」と呼ばれており，この年にアインシュタインは，光量子論，ブラウン運動の理論，そしてこの特殊相対性理論と，どれも物理学に革命を起こすことになった 3 つの仕事を立て続けに発表しています．アインシュタインはこのとき 26 歳で，すでにチューリヒの（スイス）工科大学を卒業しており，ベルンの特許局で働いていて，その仕事の合間にこのような重要な仕事をしたようです．光量子論は光が粒子ともみえると指摘した論文ですが，それは量子論の発展を象徴する仕事になりました．ブラウン運動の理論はアインシュタインの学位論文になったものですが，物質が原子から構成されていることを実証するのに非常に重要な役割を果たしました．そして，この特殊相対性理論の仕事が出されたのです．

　アインシュタインの相対性理論の最初の論文は，「動く物体の電気力学について」というタイトルがついていて，その序文は，磁石と閉じたコイルに現れる電磁誘導現象の考察から始まっています．コイルが静止している系では，電流が流れることはファラデーの電磁誘導の法則で説明

されているが，磁石が止まっていてコイルが動いている系では，磁場の中での運動起電力の発生によって説明されていますが，これは同じ現象であるはずだと言っています．この論文は2部に分かれて書かれており，その第1部は運動学的考察となっており，この慣性系の変換則を先に述べた2つの原理から導いています．第2部は，それを使った電磁場の方程式の変換則の考察になっています．第1部は電磁場の法則とは区別して書かれているのが特徴ですが，それはこの議論が電磁場以外の物理法則にも共通して使えることを暗に示しています．

　実際，この論文が書かれた数か月後にアインシュタインは短い補足的な論文を書いており，そこに慣性質量とエネルギーの有名な関係式，

$$E = mc^2 \tag{13.5}$$

と等価な式を導いています．慣性質量はニュートンの運動方程式に現れる量で，電磁場とは直接関係のない力学の概念です．アインシュタインはこの関係を，物質が光を出してその内部エネルギーを変化させる現象を考察することで，それが慣性系のとり方によらず物理的な結果が一致するためには，光の放出によって減少した物質のエネルギーは慣性質量の減少を伴わなければならないと結論しています．ローレンツ変換は電磁場の法則に限らない，より普遍的な意味をもっていたのです．この有名な関係式はアインシュタインの相対性理論のシンボルになりましたが，ローレンツ変換そのものは電磁気学のパズルから発生しており，力学の問題に持ち込んだのはアインシュタインの功績だと思います．

13.3　「時空」：特殊相対性理論の幾何学

　アインシュタインの論文が出る少し前に，フランスの著名な数学者ポアンカレは電磁場のマックスウェル方程式の対称性について調べていて，

そこには理論の「相対性」という表現も使われています．ポアンカレはローレンツの結果を確認し，その先見性を認めています．「ローレンツ変換」という表現を最初に使ったのも彼でした．ただ，当時無名のアインシュタインの仕事は知らなかったようです．アインシュタインもポアンカレの仕事は知らなかったと言っています．

　アインシュタインの論文を読んでその重要性を理解した数学者は，ミンコフスキーという人です．ミンコフスキーはポアンカレに並ぶドイツの偉大な数学者で，実は，チューリヒの工科大学でアインシュタインを教えたこともありましたが，その後，母校であるドイツのゲッチンゲン大学に戻っていました．アインシュタインは学生のころ，あまり数学はできなかったそうですが，ミンコフスキーはアインシュタインの論文を読んで感銘を受け，自分の学生が素晴らしい論文を書いたと喜んでいます．そして彼は，アインシュタインのやったことは時空の対称性を発見したことだとしました．

　「時空」というのは英語では spacetime といいます．ミンコフスキーはドイツ人なのでドイツ語を使いましたが，同じ表現だと思います．要するに，空間と時間は切り離して考えることはできなくなった，というのがミンコフスキーの言いたかったことだと思います．数学者であったミンコフスキーは，ローレンツ変換による座標の変換を，通常の 3 次元空間の回転の 4 次元空間への拡張だと考えました．

　それをはっきり見るためには，時間軸を空間軸と同じ次元をもたせて 4 つの座標を一緒に扱う必要があり，それには 2 つの方法があります．1 つは，$x_0 = ct$ とおいて，時間と空間を 1 つの 4 次元ベクトルにして，

$$(x_0,\ x_1,\ x_2,\ x_3) = (ct,\ x,\ y,\ z) \tag{13.6}$$

とおくやり方です．これだと，x 軸方向へのローレンツ変換は，

$$x_0' = x_0 \cosh \alpha - x_1 \sinh \alpha$$
$$x_1' = x_0 \sinh \alpha + x_1 \cosh \alpha$$

と表されます．ここで，α は

$$\tanh \alpha = \frac{v}{c}$$

で定義されるパラメータで，この変換で，

$$(x_0)^2 - (x_1)^2 - (x_2)^2 - (x_3)^2 = c^2 t^2 - \boldsymbol{r}^2 \tag{13.7}$$

は不変になります．このような時空はミンコフスキー時空と呼ばれています．α はラピディティーと呼ばれ，虚数角にとれば普通の回転角に対応しています．虚数角というのは非常に抽象的ですが，数学的にはこういう一般化を行った方が理解がしやすくなっています．虚数角の導入がわかりにくいという人には，

$$(x_1,\ x_2,\ x_3,\ x_4) = (x,\ y,\ z,\ ict) \tag{13.8}$$

として時間軸を虚数時間に読みかえれば，ローレンツ変換は座標を定義した4次元のユークリッド空間での通常の回転とみなすことができます．この方法は，ミンコフスキー時空のユークリッド化と呼ばれます．いずれにせよ，ローレンツ変換は拡張された時空での一種の「回転」になっているのです．

13.4 「伸び縮みする時空」と速度の加法則

この時空の新しい幾何学的対称性は，違った慣性系でみると不思議な効果をもたらします．それは，物質が静止した慣性系でみた長さと，その系でみた時間の変化のしかたが，違う慣性系でみると違ってみえるのです．この効果は，「ローレンツ収縮」や「時間の遅れ」としてローレン

ツ変換の帰結として知られていたことですが，アインシュタインの特殊相対性原理では，時空そのものの性質から説明されます．また，ある慣性系でみた物質の速度が，動いている慣性系でみると，その速度がこの2つの慣性系の相対速度の分だけずれる，と私たちは常識的に思っていますが，これは力学の法則のガリレイ対称性に起因する経験則で，ローレンツ変換では，そうはなっていません．これも新しい時空の幾何学的対称性から説明されます．

　まず「ローレンツ収縮」と「時間の遅れ」ですが，これらは時空の尺度が慣性系の変換によって変わることから現れます．ローレンツ変換そのものがこの尺度の変化を表しているのですが，違った慣性系の座標を設定すると，相対運動の方向の空間座標と時間方向の空間座標はどちらもローレンツ因子の分だけ変化しており，空間に置かれた物質の空間方向や時間方向の長さは，この尺度の分だけ変化するのです．

　ローレンツ変換は，速度の加法則が成り立っていないといわれます．ローレンツ変換が，数学的には座標と時間に対して非線形変換になっているためですが，この拡張された時空の「回転」としてみた場合は，「回転角」について加法則は成り立ちます．それをもとの速さに変換すると，よく知られた2つの同じ方向の速度の和に対して，

$$v = \frac{v_1 + v_2}{1 + v_1 v_2 / c^2}$$

が得られます．この公式に $v_1 = c$

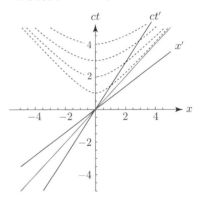

図 13.1　時空座標のローレンツ変換　もとの時空空間 (ct, x) でみた，ローレンツ変換された座標軸 (ct', x')　新しい時間軸の目盛りは補助線（点線）との交点となる．

を代入すると $v = c$ が得られます．光速はその方向に走っている系でみても同じ値になるのです．つまり，どんなに頑張っても光に追いつけないということを意味しているのです．これは，16 歳のアインシュタインが思考実験から予想していたことでした．

13.5　重力とは何か？

　特殊相対性原理は時空の対称性として力学にも大きな影響をもたらしましたが，ただ 1 つだけ未解決の問題が残りました．それは重力をどう取り扱うかという問題です．重力はすべての質量をもつ物体の間に，逆 2 乗則に従う引力となることがわかっています．この質量は通常，重力の結合定数の役割を果たしています．ニュートンはこの重力を，2 つの物体間に瞬間的に働く遠隔力として記述し，惑星の運行のケプラー法則を力学の原理を使って説明することに成功しました．このような遠隔力は，その後の力の記述のお手本となりましたが，ファラデーやマックスウェルの場の法則には相入れないもので，そこから出てきた特殊相対性理論にも，瞬間的にかけ離れた空間を伝わる遠隔作用の概念は矛盾していました．

　ここで，特殊相対性原理というのは，2 つの慣性系の間の変換則に対して運動法則が変わらないということを原理にしています．この場合，慣性系というのは力が働かない自由運動をする特殊な系を意味しています．それが「特殊」が付くことの意味でした．しかし，系が非慣性系であると，見かけの力が生まれることが知られています．

　例えば，電車に乗っていて電車が止まるとき進行方向に押されることを私たちは日常経験から知っています．これを，電車の外に止まっている人からみれば，電車の中にいる人に力が働くわけではなく，慣性の法則により，等速直線運動しているものが電車という外枠が急に停止しよ

うとしているので，その中にあるすべての物体に力が働いているように
みえるだけです．もうひとつのよく知られた例は，遠心力です．この場
合も，慣性の法則により等速直線運動する物体を円運動させようとする
と，その運動の変化に逆らって力が働くようにみえるのです．このよう
な力は「見かけの力」，あるいはもう少し専門的な言い方で「慣性力」と
呼ばれます．慣性の法則が背後にあるからで，慣性系ではもちろんその
ような力は出てきません．少しまぎらわしい表現ですね．

　慣性力にはひとつ重要な性質があります．この力の大きさは慣性質量
に比例している，ということです．電車に乗っている人の例でいうと，同
じ非慣性系で，体重の大きな大人に働く慣性力は，小さな子供に働く慣
性力よりも体重の違いの分だけ大きいのです．その理由は，同じ非慣性
系では，加速度が同じ値だけ異なることから生じ，それに質量をかけた
ものが慣性力になっているからです．遠心力も同じで，質量に比例して
大きくなります．重力も慣性質量に比例して大きくなりますが，これは
重力が慣性力であることを示唆していました．

　アインシュタインは，自由落下している物体には重力が働かない，と
いうことに 1907 年に気がついたといわれています．このことは「生涯で
一番素晴らしい思いつきだった」とのちに回想しています．これは，慣
性質量と重力質量が同じ場合にのみ可能です．この 2 つの質量が同じも
ので区別できないことを等価原理と呼びます．重力が慣性力であったな
らば，自由落下している物体では力は働かないということは，重力も慣
性力ではないかということなのです．アインシュタインはこの等価原理
を出発点にして，相対性理論を重力まで含むように拡張しました．それ
は一般相対性理論と呼ばれています．

13.6　等価原理と時空の歪み：一般相対性理論へ

　アインシュタインの一般相対性理論への拡張が完成したのは 1915 年末のことだといわれています．特殊相対性理論の完成から 10 年が経っています．さすがのアインシュタインでも，この拡張にはずいぶん苦労したようです．アインシュタインはのちに，一般相対性理論に比べたら特殊相対性理論は「子供の遊び」だったと言っています．その理由は，非慣性系への拡張を含む一般相対性理論は，数学的に非常に難しい内容だったからのようです．アインシュタインは等価原理という重要なポイントに気がつきましたが，それを使って実際に重力を含めた記述を行うには，物質があるときには時空が歪む，ということを記述する必要があったからです．

　時空の歪みを記述する方程式はアインシュタイン方程式と呼ばれていますが，それを導出するには時空の湾曲をどうやって記述するかという数学的な問題がありました．この数学はリーマン幾何学としてすでに数学者によって知られ研究されていました．リーマンというのは 19 世紀のドイツのゲッチンゲン大学にいた天才的な数学者ですが，彼が 28 歳のときに行った平たんな幾何学を曲がった空間に拡張した仕事は，ゲッチンゲン大学のボスであったガウスによって非常に高く評価されたそうです．ただ，リーマンは 39 歳の若さで長く患っていた結核で亡くなっています．1866 年のことで，アインシュタインが 1879 年に生まれる 13 年前でした．ゲッチンゲンの数学者には，ガウスの時代から純粋数学で終わるのではなく，それを物理に応用するという伝統があり，リーマンも生前それを考えていたそうですが，残念ながらそれは実現しませんでした．それを成し遂げたのはアインシュタインということになります．

　アインシュタインは学生のときは数学はあまり勉強していなかったよ

うですが，リーマン幾何学のことについては同級生で親交のあった数学者グロスマンから聞き，しばらく一緒に共同研究を行っています．この研究は一筋縄ではいかなかったようですが，結局，最後は自分自身で数学者の研究をマスターして，それを使っています．この経験から，アインシュタインは数学にどっぷり漬かって，その研究スタイルも大きく変わったようです．1915 年の秋には，ほぼ完成していた一般相対性理論の仕事を，ゲッチンゲン大学の数学者ヒルベルトに呼ばれて一連の講義で話しています．この講義で話した内容にはまだ間違いがあったそうですが，ヒルベルトもその間違いに気づかなかったとか？いずれにせよ，ヒルベルトはアインシュタインのことを第 1 級の数学者としても認めたといわれています．

　アインシュタイン方程式は物質があるときの時空の歪みを記述する方程式で，電磁場を記述するマックスウェル方程式を重力場に拡張したものだといわれています．電磁場は電磁現象のよく知られた経験からファラデーの心眼によって抽出されたものですが，重力場をどのように記述するかという問題がありました．アインシュタインは，重力場を決めるのは時空の性質を決める計量テンソルであると気づきます．リーマン幾何学によると，計量テンソルは時空の性質を決めるテンソルとしての $4 \times 4 = 16$ の成分をもつパラメータで，時空の歪みもそれによって与えられます．直感的に理解するために，通常の 3 次元空間での例をあげておきます．

　3 次元座標を通常の直交座標で記述した場合は，空間の近接した 2 点間の距離は

$$dr^2 = dx^2 + dy^2 + dz^2$$

で与えられます．ここで，近接する 2 点の空間座標を $(x,\ y,\ z)$ と $(x + dx,\ y + dy,\ z + dz)$ としました．この式は 3 次元の計量テンソル g_{ij} を

使って，

$$dr^2 = g_{ij}\,dr_i\,dr_j$$

と書き直すことができます．ここに現れる dr_i というのは，3 次元の位置ベクトルの差をまとめた記号で，直交座標であれば

$$d\boldsymbol{r} = (dx,\ dy,\ dz)$$

となり，この場合，計量テンソルは簡単に

$$g_{ij} = \begin{pmatrix} 1 & 0 & 0 \\ 0 & 1 & 0 \\ 0 & 0 & 1 \end{pmatrix}$$

という対角行列となります．このような空間は平たんな空間と呼ばれます．同じ空間を違う座標系，例えば球座標を用いれば，原点からの距離 r と，天頂角 θ と，方位角 ϕ を用いて，

$$d\boldsymbol{r} = (dr,\ d\theta,\ d\phi)$$

とすれば，座標変換の規則を用いて，

$$dr^2 = dr^2 + r^2\,d\theta^2 + r^2 \sin\theta^2\,d\phi^2$$

となることを示すことができます．この場合も計量テンソルは対角行列となりますが，もう少し複雑で，

$$g_{ij} = \begin{pmatrix} 1 & 0 & 0 \\ 0 & r^2 & 0 \\ 0 & 0 & r^2 \sin^2\theta \end{pmatrix}$$

と座標そのものによって変化します．しかし，どちらの場合も同じ空間を記述しており，空間は平たんで曲がっていないことに注意してください．

　ここからは説明を省きますが，アインシュタインの一般相対性理論で使われる計量テンソルは，これを 4 次元の時空に拡張したもので，2 点間の距離は平たんなミンコフスキー時空の場合は，

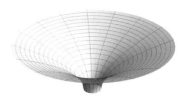

図 13.2　曲がった空間

$$ds^2 = -c^2 \, dt^2 + dx^2 + dy^2 + dz^2$$

と拡張されます．すなわち，4 次元時空の計量テンソルを

$$ds^2 = g_{ij} \, dx_i \, dx_j$$

で定義すれば，

$$g_{ij} = \begin{pmatrix} -1 & 0 & 0 & 0 \\ 0 & 1 & 0 & 0 \\ 0 & 0 & 1 & 0 \\ 0 & 0 & 0 & 1 \end{pmatrix}$$

と 4 次元の対角行列で表されます．この例では，どの場合も空間やその拡張である時空は平たんで曲がっていませんが，リーマン幾何学はそれを曲がった空間に拡張したものだと考えてください．アインシュタインはこの空間の曲がり方が小さいとき，平たんな計量テンソルからのずれが物質の作る重力場の影響を表すと考えました．

　アインシュタインの重力場の方程式はテンソル方程式で，$4 \times 4 = 16$ の成分をまとめて書くと，

$$R_{ij} - \frac{1}{2}g_{ij}R = \frac{8\pi G}{c^4}T_{ij} \tag{13.9}$$

となります．この式の左辺は空間の曲率テンソルを表していて，右辺は曲がった空間における物質のエネルギー運動量テンソル T_{ij} で書け，そこには計量テンソルも現れます．右辺の G はニュートンの重力定数で，

c は光速を表します. 時空の曲率テンソルは, リッチテンソルと呼ばれる計量テンソル g_{ij} の 2 階の微分で書かれたものに, アインシュタインが加えた重力場特有の変形を加えたものですが, それを見つけるのにアインシュタインは苦労をしたようです. アインシュタインはこの方程式を導いても, 左辺と右辺がずいぶん違った原理でできていることが不満で, それを統一した原理から決めようといろいろと試みたようですが, それには成功しませんでした.

この重力場の方程式とニュートンの重力理論との違いは, 違いが小さいとき摂動によってその正しさが調べられています. アインシュタインが最初に行ったことは, それまでどうしても説明のできなかった水星の近日点の移動をこの理論で説明することで, それは成功しました. 水星は太陽の近くを回っているため, 太陽の強い重力の影響を受けるためです. また, 太陽のまわりの時空が歪んでいたら, わずかですがその近くを通る光も航路が湾曲することを予言しました. 今日, 重力レンズ効果といわれて有名になっている現象の最初の観測です.

アインシュタインが重力場の方程式を導出したのは第 1 次世界大戦の最中でしたが, 戦争が終わってからドイツの敵国であったイギリスのエディントンの探検隊によって 1919 年の日食の観測で予言がほぼ検証され, アインシュタインの名声は, 一躍, 世界中の一般人に轟きました. アインシュタインは 1922 年に, その前年のノーベル物理学賞をもらっていますが, そのときまわりの人の忠告を無視して, 世界旅行の最中でした. ノーベル賞受賞の知らせは上海から日本に向かう船上で知ったそうです. もちろん, 日本でもアインシュタインは熱狂的に歓迎されています. アインシュタインのノーベル賞受賞の功績では光電効果の説明が強調されていますが, 受賞直後の日本での講演では, この一般相対性理論に関する話をしています.

　アインシュタイン方程式には量子力学を特徴づけるプランク定数はまだどこにも使われていません．それでも，重力場を記述するアインシュタイン方程式は，電磁場のマックスウェル方程式と違って，本質的に計量テンソルの非線形方程式となっており，その厳密解はまだ少ししか知られていません．一般相対性理論と量子論を統一することは未解決の基本問題とされていますが，最近の研究では，物質の分布を所与のものとして，流体力学のように，スーパーコンピュータを使った数値計算で方程式の解が詳しく調べられており，それがいろいろな現実問題の理解にも役立っています．

13.7　膨張宇宙とブラックホール

　アインシュタインは 1955 年に亡くなっていますが，その後，特に注目されるようになった一般相対性理論の 2 つの重要な応用（膨張宇宙論とブラックホール）について簡単にふれておきます．

膨張する宇宙

　アインシュタイン方程式は宇宙の膨張解を導出しますが，彼自身は最初，宇宙は定常であると考えていたそうで，その膨張を打ち消すために宇宙項と呼ばれる項を彼の出した方程式の左辺に手で入れています．宇宙が膨張していることは，ハッブルの観測によってあとでわかってきますが，アインシュタインはこの項を入れたことは「一生の不覚」であったと後悔しています．いずれにせよ，アインシュタインは彼の出した方程式が宇宙の大局的構造も記述できることに気づいています．

　アインシュタイン方程式を使って膨張宇宙を記述するときによく使われる近似は，宇宙は等方的で一様だという仮定です．もちろん，宇宙は銀河やそれに含まれる太陽系のような，非一様な構造をもっていますが，

大域的な性質を問題にする限り，この近似はよいものと考えます．これは，4 次元の線素

$$ds^2 = -c^2\,dt^2 + a(t)^2\left(dr^2 + r^2\,d\theta^2 + r^2\sin\theta^2\,d\phi^2\right)$$

をとること，つまり宇宙の計量テンソルとして

$$g_{ij} = \begin{pmatrix} -1 & 0 & 0 & 0 \\ 0 & a^2(t) & 0 & 0 \\ 0 & 0 & a^2(t)r^2 & 0 \\ 0 & 0 & 0 & a^2(t)r^2\sin^2\theta \end{pmatrix}$$

を仮定することに対応しており，特に初期宇宙を記述する際にはよく使われています．ここで，$a(t)$ はスケール因子と呼ばれ，宇宙が膨張していることは，この因子が時間とともに大きくなることによって表されます．この因子が 1 で変化しなければ，平たんなミンコフスキー時空を球座標を使って表したことになっています．

この計量の形を仮定し，宇宙に充満している物質が，局所的に，その質量密度と等方的な圧力で与えられるとすると，アインシュタインの重力方程式は，2 つの時間に関する微分方程式に帰着されます．そのひとつは，膨張過程が断熱的に起こるということを意味しており，宇宙の膨張とともにその中で物質は希薄化していきますが，その広がりの中でエントロピーが保存されることを意味します．もうひとつの式は，宇宙の膨張を決める運動方程式で，圧力の勾配が重力の引力的効果に対抗して加速膨張を起こすということを意味しています．

現在の宇宙のエントロピーは宇宙背景放射のもつエントロピーでよく近似でき，その密度はスケール因子の 3 乗に反比例して小さくなっています．それに対して，宇宙の圧力は質量密度に比べて無視できるとする物質優勢の仮定をおくと，スケール因子の時間変化を与えることができ，宇

宙の密度が時間とともに小さくなるという結果を導出します．この式から，宇宙の年齢はハッブル定数と呼ばれる宇宙膨張を決めるパラメータによって決まり，現在の宇宙の年齢は約 138 億年と推定されています．もちろん，この値は宇宙の膨張のしかたや，ハッブル定数の測定結果の変更によって将来変わるかもしれません．

　時間をさかのぼって宇宙の膨張の始まりに近づくと，宇宙の物質は変化し，やがて放射優勢と呼ばれる時代に変わります．このときには宇宙の圧力はその質量密度の 1/3 で近似でき，宇宙の膨張のしかたも変わります．しかし，この時期にある宇宙の年齢は，現在の年齢に比較すると圧倒的に短く，現在の宇宙の年齢はほとんど変わりません．ただ，この場合も，宇宙の膨張の始まりを起点にした宇宙の年齢は物質の熱力学で決まります．標準的な初期宇宙の模型では，宇宙の絶対温度は，その年齢の 1/2 乗に反比例して下がることが予言されており，物質の組成は膨張のパラメータを変えます．

　また，宇宙の物質に水と氷のような相転移が起こると，宇宙が過冷却状態を経過した可能性があり，宇宙が間違った真空（false vacuum）の中を膨張すると，加速度的にスケール因子が大きくなり，それによって宇宙の一様性などが自然に説明できることが指摘されています．この急速な膨張時期は「宇宙のインフレーション」と呼ばれています．

ブラックホール

　一般相対性理論が数理的に記述する現象には，重力が非常に強くなる，方程式の特異点に相当するようなものも含まれます．ブラックホールもそのような特異点をもつ解で，重力が強くて光ですらそこから抜け出せない天体です．そのような特異な天体の存在は，昔から一般相対性理論の数学的な帰結として指摘されてきましたが，最近では，さまざまな観

測データから，その存在が傍証されたと考えられています．アインシュタイン自身はそのような解の存在を，この理論の問題点として憂慮していたようです．ただ，特異点は直接観測できないだけでなく，その存在は量子論的な効果が含まれておらず，まだ，最終的な結論に達していないという見方もあります．

　ブラックホールを記述する一番簡単な線素は，ブラックホールの中心（特異点）を座標軸の原点にとって，

$$ds^2 = -c^2 \left(1 - \frac{r_s}{r}\right) dt^2 + \left(1 - \frac{r_s}{r}\right)^{-1} \left(dr^2 + r^2 d\theta^2 + r^2 \sin^2\theta \, d\phi^2\right)$$

となるようにとられます．これに対応する計量テンソルは

$$g_{ij} = \begin{pmatrix} -(1 - \frac{r_s}{r}) & 0 & 0 & 0 \\ 0 & (1 - \frac{r_s}{r})^{-1} & 0 & 0 \\ 0 & 0 & (1 - \frac{r_s}{r})^{-1}r^2 & 0 \\ 0 & 0 & 0 & (1 - \frac{r_s}{r})^{-1}r^2\sin^2\theta \end{pmatrix}$$

ここで，r_s はシュバルトシルト半径と呼ばれ，星の質量 M とニュートンの重力定数 G，そして光速 c を使って，

$$r_s = 2GM/c^2$$

とされます．

　この計量は，星の半径 R の外の真空で，アインシュタイン方程式の解を与えます．$R > r_s$ の場合は（例えば，太陽や地球），計量はどこでも発散しません．しかし，$R < r_s$ となるとこの計量は発散し，これは「特異点」と呼ばれます．ブラックホールの「表面」$r = r_s$ で発散する面をもち，これはブラックホールから光が有限時間で出てはこれないことを示しています．この特異性は座標のとり方を変えることで消去することができますが，この表面より中を，遠方からは見ることができないとい

う事情は変わりません．原点 $r = 0$ に現れる特異点は，どのような座標
をとっても消去できないことが数学的に証明されています．

　いずれにせよ，ブラックホールはその名の通り，内部がどうなってい
るのかわからない天体で，どのような質量をもった天体でも，その質量が
十分小さくなるとそのような特異解をもつことが知られています．以前
から，通常の重い星の進化の終状態で起こる超新星爆発では，そのような
天体ができると考えられており，最近では，銀河の中心には巨大なブラッ
クホールがあると考えられています．また，宇宙初期にできた 2 つの
ブラックホールの合体から放出される重力波が，大きな光干渉計によって
観測されています．この場合は，計量テンソルはもっと複雑ですが，数
値計算で得られたものと観測値との整合性によって，観測の正しさが確
かめられています．最近発表された「ブラックホールの写真」はもちろ
ん矛盾した表現ですが，遠くにあるブラックホールのまわりの光る物体
を，地球規模での望遠鏡のネットワークを使って同時撮影したものだと
されています．

14 | 核エネルギーの解放

松井哲男

《目標＆ポイント》 放射能は原子核の自然崩壊による現象ですが，放射線の一部であるアルファ線を使った実験により，すべての原子の中心にある極微の原子核の存在が明らかになり，そこに蓄えられたエネルギーが，その大きさのスケールの逆数に比例して大きいことがわかりました．核反応によって質量とエネルギーの関係が検証され，星のエネルギー源の謎が解明されました．一方，1939 年の核分裂の発見により，その連鎖反応によって巨大なエネルギーが解放できることがわかり，第 2 次世界大戦と，その後の冷戦における核兵器の開発競争となりました．核エネルギーを動力や電力として利用する技術開発も続けられてきましたが，その安全性の問題や放射性廃棄物処理の問題が深刻な社会問題となっています．この章では，極微の原子核のエネルギーの解放に絡む歴史と今後の課題を考えます．

《キーワード》 放射能の発見，原子核の発見，ラザフォードの描像とボーア模型，原子核の結合エネルギー，元素と星のエネルギーの起源，核分裂の発見，連鎖反応と原子炉，「原子爆弾」と「原子力」，核エネルギーと人類の課題

14.1 放射能の発見

放射能は人類が最初に遭遇した核現象ですが，見つかった当初はまだ原子核の存在も知らず，原子の存在すら確証がない状態でした．放射能の発見は，パリの自然博物館でウラン鉱を使って蛍光の研究を行っていたアンリ・ベクレルによって偶然もたらされました．前年に，ドイツのレントゲンによる X 線の発見の知らせが話題となっており，ベクレルはそれに似た現象を，蛍光を発する物質の中に見つけようとしていたといわれています．ある曇った日に，ウラン鉱を感光紙に包んで引き出しの

中に入れておいたら，日が当たらなかったにもかかわらず感光紙が黒く
なっていたため，ウランから謎の放射線が出ていることを知ったそうで
す．1896 年のことでした．

　それを知ったキュリー夫妻によってこの現象はさらに調べられ，ウラ
ンを取り出した残存物に強い放射線を出す元素を 2 つ見つけ，ラジウム，
ポロニウムと名づけました．キュリー夫妻の発見で特に重要なことは，
放射能というのは X 線とは全く異なる現象で，X 線と違って 2 種類の荷
電粒子の放出も含まれるということでした．キュリー夫妻が放射能の検
出に使った装置は，放射能によって電流が流れることを計測するもので，
このことを想定したものでした．キュリー夫妻はこの功績により，ベク
レルと 3 人でノーベル物理学賞を受賞しています．ポーランドからやっ
てきたマリー・キュリー夫人はこの研究で学位をとっています．ポロニ
ウムはキュリー夫人の母国ポーランドの名前をとったもので，ラジウム
は彼らが命名した放射能（ラジオアクティビティ）と同じ語源です．

　ラジウムもポロニウムも強い α 線源として，その後の物理学の発展に
重要な役割を果たしました．ただ，夫のピエールは最初の放射線による
犠牲者となりました．放射線症を患い，ノーベル賞受賞の数年後に交通

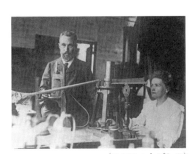

（ユニフォトプレス）

(a) アンリ・ベクレル　　　　　　(b) キュリー夫妻

図 14.1　放射能の発見者達

事故で亡くなっています. マリーはもう少し長生きし, ラジウムの化学的分離の功績でもうひとつノーベル化学賞をもらっていますが, 亡くなったときには放射線の影響で指が歪んでいたといわれています.

キュリー夫妻に続いて放射能の研究を行ったのは, カナダのモントリオールのマギル大学にいたアーネスト・ラザフォードとフレデリック・ソディでした. 放射能によって元素変換が起こり, その変化は1つの元素をみている限り確率的に起こり, 同じ放射性元素がたくさんあると, その数は元素の種類によって一定の割合で単調減衰することを発見しました. そして, 元素の数が半減する時間を半減期と名づけました. ラジウムの半減期は1600年と比較的安定でしたが, ポロニウムは138日しかありませんでした. これは, ポロニウムが強い放射能をもち, ラジウムの放射能はポロニウムより弱いことを意味していました. それでも, ウランの半減期の約45億年よりもはるかに強い安定な放射能をラジウムは示しました.

ラザフォード等が発見した放射性元素の崩壊の規則性は, その後, 年代測定に応用され, 地球の年代が約45億年であることや, 数千年前の遺跡の年代測定にも使われています. 前者は, ウランなどの寿命の長い, 重い核の含有量の比を測ることにより, また後者は, 大気中で宇宙線反応によって絶えず一定の割合で作られている放射性炭素の含有量を測ることによって可能となりました. この方法は, 私たちのまわりの物質が形成されてからどのくらい経っているのかを知る重要な方法になっています.

14.2 原子核の発見

放射能の発見が導いた最も重要な発見は, 原子の内部構造に関する新しい知見でした. ラザフォードは放射能の研究成果を本にまとめ, その

功績で，のちにノーベル化学賞を単独で受賞しますが，イギリスに戻り，マンチェスター大学で放射線を使った物質の構造の研究を始めました．その結果，20 世紀最大の発見を行っています．それは，すべての原子の中心に，原子の大きさよりさらに 1 万分の 1 ほどの大きさをもち，かつ原子のほとんどの質量をもち，電子のもつ電荷を打ち消す正の電荷を帯びた，原子核の発見です．

　原子の構成要素である電子の存在は，先生の J.J. トムソンによる陰極線の研究によってわかっていましたが，原子の中に電子がどのような状態で存在しているかという新しい問題が出てきました．マックスウェル理論によると，電荷をもつ電子が円運動していると電磁波を放出し，エネルギーを失います．したがって，個々の原子の安定性を説明するのは容易ではありませんでした．

　電子の発見者のトムソンは，原子の中の電子を，一様に分布した正の電荷を帯びた「プリン」の中に，電子が「レーズン」のように浮かんでいるという模型を考えました．それとは反対に，日本の長岡半太郎は，原子は土星の輪に似ていて，真ん中に正に帯電した大きなが核があり，そのまわりを電子集団が土星の輪のようにゆっくり回っているという描像を考えました．これは，マックスウェルによる土星の輪の重力理論の応用ですが，重力の場合と違い，電子間に働くクーロン力は斥力であるため，複雑な多体問題を解く必要があり，その安定性は必ずしも理解されたとはいえませんでした．ラザフォードはこの問題に結着をつけるため，弟子たちに，放射線の中に含まれる重い α 線を物質に当てて散乱させる実験を行わせました．そして，驚くべき結果が得られたのです．

　ラザフォードは金に α 線を照射させましたが，もし，トムソンの描像が正しければ，重い α 線は電子をかき散らして前方にしか出てこないと予想していました．ところが実験結果では，反対方向に戻ってくる α 線も

254

あることがわかりました. 彼は
のちにこれを知ったとき, 紙に
向かって砲弾を射撃したら, 逆
に戻ってきて彼の頭に当たった
ような衝撃を受けたと表現して
います. これは, 明らかにトム
ソンの描像では説明のできない
現象でした.

（Science Source Images/
　ユニフォトプレス）　　　（ユニフォトプレス）

　この意外な結果を説明するた
めに, ラザフォードは長岡のよ

図 14.2　ラザフォード（左）とボーア

うに原子の中心に重い原子核があることを推論し, その大きさが非常に
小さいとして, 重い点電荷をもった原子核がもうひとつの重い原子核と
クーロン力で散乱したと考えれば, 実験結果を説明できることを示しま
した. 長岡の描像と違っていたのは, 原子核の大きさを非常に小さくし,
原子のほぼ全質量を, この原子核がもっているとした点です. ラザフォー
ドはクーロン散乱の力学を解いて, この散乱を記述して, 実験結果を定
量的に説明しました. そのとき, 散乱の微分断面積という, 今日の散乱
実験でも用いられている概念を導入しています.

　しかし, このラザフォードの古典的な原子描像は, そのまわりを回る電
子に使うと, 原子の安定性を説明できませんでした. やはり, 原子核の
まわりを回転する電子は, 電磁波を放出してすぐにエネルギーを失い, 原
子核に落ち込んでしまうからです. この難問は彼のところに修行にやっ
てきたボーアの量子論を使った原子模型によって解かれ, それが大きな
新しい研究の流れに発展していきますが, その話は第 12 章でしました.

　原子核を発見した後, ラザフォードの研究は原子核の研究に向かいま
す. その研究からはたくさんの新しい発見が生まれていますが, その中

でこれからの話と特に関係があるのは，アストンによるさまざまな原子核の質量の測定と，チャドウィックによる中性子の発見です．

14.3 原子核に蓄えられたエネルギー

原子核の質量の正確な測定は，アストンの発明した質量スペクトロメータを使って行われましたが，その結果は原子核の結合エネルギーに対する正確な知識をもたらしました．また，チャドウィックによる中性子の発見は，原子核の構成粒子が陽子と中性子からなるという認識をもたらしました．これらの知識を使って原子核の結合エネルギーを表す質量公式が得られます．

原子核の質量公式は，陽子数 Z と中性子数 N を用いて，

$$B(Z,\ N) = a_1(Z + N) - a_2(Z + N)^{2/3} - \frac{a_3(N - Z)^2}{Z + N}$$

$$- \frac{a_4 Z^2}{(Z + N)^{1/3}} + \delta \tag{14.1}$$

と書かれます．ここで第 1 項（$a_1 = 15.8\ \mathrm{MeV}$）は 1 核子当たりの結合エネルギー，第 2 項（$a_2 = 18.3\ \mathrm{MeV}$）は原子核の表面積に比例した表面エネルギー，第 3 項（$a_3 = 23.2\ \mathrm{MeV}$）は陽子数と中性子数の違いから生じるエネルギーで，対称エネルギーと呼ばれます．そして，第 4 項（$a_4 = 0.71\ \mathrm{MeV}$）は，電荷をもった陽子に働く静電エネルギーを表しています．最後の項 δ は，陽子や中性子のそれぞれの数が偶数であるときに効く，対相互作用の効果を表します[1]．

この公式は原子核の結合エネルギーを表していますが，質量公式と呼ばれるのは，原子核の質量と，

$$M(Z,\ N)c^2 = Z m_P c^2 + N m_N c^2 - B(Z,\ N) \tag{14.2}$$

という関係で結ばれているためです．これは，原子核の質量とエネルギー

---

[1]　対相互作用は偶数個の中性子があったとき，結合エネルギーが大きくなることを意味しますが，これはあとで核分裂のアイソトープ依存性を考えるときに重要な役割を果たします．

との特殊相対性理論の関係を表しています.

この関係を使って,核反応により原子核の組成が変化したとき,基底状態のエネルギーがどう変わるかがわかります.それによると,1核子当たりの結合エネルギーは,全核子数の変化とともに小さい原子核で徐々に大きくなり,鉄の原子核あたりで最大値をとり,さらに核子数が大きくなると減少することがわかります.軽い原子核で結合エネルギーが核子数とともに大きくなるのは表面エネルギーの効果で,原子核表面では核子対の数が少なくなるため結合エネルギーが弱くなるのです.一方,重い核でエネルギーが減少するのは陽子間の静電エネルギーの増加によっています.原子核がウランより大きくなると,この静電エネルギーの増加で原子核は結合できなくなります.

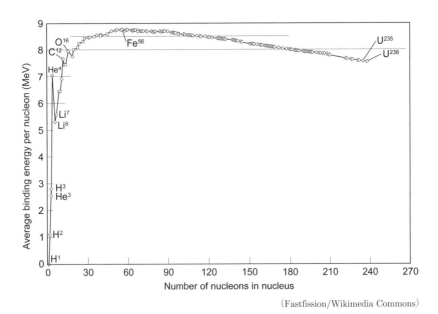

（Fastfission/Wikimedia Commons）

図 **14.3**　原子核の 1 核子当たりの結合エネルギー

この公式は，核反応で核種が変化して結合エネルギーが大きくなれば，原子核の結合エネルギーを取り出すことができることを意味しています．例えば，重いウランのような原子核がアルファ粒子を放出して Z と N の値がそれぞれ 2 つ小さくなるのは，その方が結合エネルギーが大きくなるからです．β 線（高速の電子）を放出して核種が変わる場合は N の値は 1 つ減りますが，Z の値は 1 つ増えます．どちらの場合も，新しい原子核の結合エネルギーともとの原子核の結合エネルギーの差が，新しく生成された粒子の運動エネルギーを与えます．これがたくさんの原子核に起こると，巨大なエネルギーを取り出せることを意味していました．そしてそのようなことは，星の内部での原子核の融合反応によって起こっていて，それが星のエネルギー源になっていることが次第にわかってきました．

ラザフォードの共同研究者であった化学者ソディーは『ラジウムの解釈（The interpretation of radium）』という本を 1908 年に書いて，ラジウムから出てくる α 線のもつエネルギーの大きさに注目しています．この本を読んで感銘を受け，『解放された世界』という SF を書いたのがあの H.G. ウェルズです．この SF 小説は第 1 次世界大戦前夜の緊張した国際情勢の中で書かれたといわれていますが，ウェルズはこの小説の中で α 線を放出する強い放射性元素が見つかって，そのエネルギーがいろいろと利用され，最後に世界大戦が勃発して「原子爆弾」が世界大戦で使われ，世界が廃墟となり，その後，人類の新しい時代が始まる，というシナリオを描いています．

ラザフォードは原子核の結合エネルギーを人為的にエネルギー源として取り出す可能性を「夢物語（Moonshine）」として一蹴しています．ラザフォードは 1937 年に亡くなっていますが，それまでこの考えは変わりませんでした．しかし，1938 年末の核分裂の発見によって，その可能

性は現実になりました.

14.4　星のエネルギー源と元素の起源

　話は少し前後しますが,原子核に関する知識の集積で明らかになった,基礎科学の発展についてまず述べておきます.

　太陽のような自分で輝く恒星は,内部にエネルギーの発生源をもっています.重力で収縮するとその結合エネルギーを取り出すことも可能ですが,それだけだと星の寿命は短くなってしまいます.軽い原子核の融合反応によって取り出されるエネルギーが星のエネルギー源となっていると考えられています.

　星の一生は,核融合によって徐々にエネルギーが放出される過程です.そのとき発生する圧力が大きくなると,重力の効果に逆らって星は膨張し,逆に温度が下がって圧力が減衰すると,重力によって収縮するという過程が交互に起こると考えられています.核融合のエネルギーを使い果たすと,星は重力崩壊を起こし,まわりの物質を衝撃波によって吹き飛ばします.重力崩壊は重い星のコアで突然起こると考えられており,このとき圧縮された物質で瞬間的に生成されるたくさんの中性子が雪だるま式に鉄の原子核にくっついて,重い元素ができると考えられています.そのとき放出される物質が集まって,私たちの体やまわりの物質を作っています.

　私たちの太陽は軽い元素からできていて,その内部は一千万度の高温になっていて,そこでゆっくりと核融合反応が起こり,そのエネルギーが太陽表面から光やプラズマ粒子として放出されていると考えられています.太陽から地球に降り注ぐ陽光は,地上のすべての生き物の活動の源泉であり,生命の進化もそのような環境の中で起こりました.

　現在,地上で私たち生命を作っている基本的な物質は,水素を除き,ほ

とんどが恒星の進化の中で起こる核融合反応の産物であると考えられています．初期宇宙で生成される水素やヘリウムのような軽い元素を除き，鉄までの元素が恒星の中での核融合反応でその起源が説明されています．原子核の研究は，私たちを構成する物質の起源についての知見をもたらしたのです．

14.5　核分裂の発見

　話をまたもとに戻して，核分裂の発見とそれがもたらした新しい発展について述べます．

　中性子が見つかったとき，それが電荷をもたない中性の粒子であることから，アルファ粒子のように原子核の強いクーロン斥力が働かず，原子核の内部にも入っていけることから，中にはエネルギーを原子核の他の粒子に明け渡して原子核にくっつくものも出てきます．1934 年，ローマ大学にいたエンリコ・フェルミはこのような核反応を利用して，自然には存在しないいろいろな原子核のアイソトープを作る実験を行いました．アイソトープというのはあのソディーがつけた名前で，陽子数が同じ元素で中性子数が異なる元素のことをいいます．元素の化学的性質は原子の最外殻電子の状態が決めるため，同じ原子番号のアイソトープは化学的な性質は同じで，中性子の数の違いだけ原子核の重さが異なる元素となります．フェルミはこの実験での一連の放射性アイソトープの生成により，1938 年のノーベル物理学賞を受賞していますが，その授賞式に出席した帰りにローマには戻らず，ユダヤ人の妻とともに米国に亡命しています．

　ちょうど同じころ，ドイツでフェルミの実験の生成物の化学分析を行った化学者のオットー・ハーンとシュトラスマンは，ウランに中性子を当てたときにできる生成物にバリウムのアイソトープが含まれていること

に気がつきます．バリウムは原子番号が 56 の元素で，原子番号 92 のウラン原子核とは離れていたため，どうしてそのような原子核が核反応でできたのか理解できませんでした．そこで，かつての共同研究者でユダヤ人だったためスウェーデンに亡命していたリーゼ・マイトナーに手紙を書いて相談をもちかけました．

　マイトナー女史もすぐにはわかりませんでしたが，甥のオットー・フリッシュとのスキーツアーの最中に，原子核の質量公式を使い，中性子を吸収して原子核が 2 つに分裂したのではないかということに気がつきます．そしてその仮説を立証するための実験をフリッシュがコペンハーゲンで行い，予想通りの結果が得られます．1939 年の 1 月の初めのことだったそうです．彼らはこの現象を細胞分裂にならって核分裂と名づけました．

　核分裂発見の報は，プリンストン訪問に行く寸前のボーアにすぐ知らされます．ボーアは，「こんな重要なことにこれまでなぜ気がつかなかったのか」と言ったという逸話が残っています．ボーアはプリンストンに着くとすぐ，ホイーラーと液滴模型を用いた核分裂の理論を作りますが，その論文が米国の専門誌に発表された日付は 9 月 1 日で，ちょうどドイツがポーランドに侵攻して第 2 次世界大戦が始まった日と同じになり，

（ユニフォトプレス）

図 14.4　核分裂の発見者　ハーンはノーベル化学賞を受賞している．マイトナー女史はノーベル賞を受賞することはなかったが，その重要な功績を讃えられ，109 番目の元素の名前として残っている．

これがその後の事態の推移の不吉な幕開けとなりました.

　核分裂が通常の核反応と違っていたのは，連鎖反応が原理的に可能だったからです．核分裂が起きると中性子の多いウラン核が 2 つに分裂し，陽子数と中性子数の少ない原子核が 2 つできますが，全体の陽子数は変わりません．中性子の数も 2 つの新しい原子核に配分されますが，ウランのもっている中性子の数が多いせいで，2 つにそれが分裂したとき，いくつかの中性子は原子核に束縛されなくなって原子核からこぼれ落ちます．その中性子を他のウラン核が吸収すれば，再び核分裂が起こり，それが持続的に起こる可能性があります．また，新しく放出される中性子の数が 2 以上であれば，ネズミ算式に核分裂を起こすウラン核が増え，そのときに放出されるエネルギーはたちまちのうちに巨視的な量となります．どちらの場合も核分裂の連鎖反応と呼ばれます.

　ただし，核分裂の連鎖反応を実現するには大きな壁がありました．それは，自然に存在するウラン（U）の原子核には中性子数の異なるアイソトープがいくつかあって，主な成分の U-238 は中性子を吸収しても核分裂は起こらず，わずかに 0.7% 存在する U-235 のみが中性子の照射によって核分裂を起こしました[2]．つまり，核分裂で中性子が放出されても，それが U-235 に出会って次の核分裂を起こす前に U-238 に吸収されて連鎖反応がストップする可能性がありました．したがって，連鎖反応を起こさせるには U-235 の含有量を増やす必要がありましたが，化学的性質は同じで質量がわずかに違うだけだったので非常に困難な問題でした．このことを最初に理解したボーアは，連鎖反応は起きないと考えていたようです.

　核分裂が見つかるとその追試がいたるところで行われ，1 年近くはたくさんの研究会が開かれ，多くの論文が発表されました．核分裂の連鎖

---

[2]　U-235 が U-238 に比較してどうして核分裂を起こしやすいのかを質量公式 (14.1) に従って考えると，少し小さくて第 4 項のクーロン斥力の効き方が大きかっただけではなく，中性子の数が奇数個で，もうひとつの中性子を吸収すると対相互作用 δ によって強く結合し，余分なエネルギーが放出されて，それが核分裂に使われるからでした．U-235 の含有量を増やすことは「濃縮する」といわれます.

反応は起こらないと一般には考えられていたからです．ところがその中で，連鎖反応の可能性を憂慮する研究者もいました．その一人はレオ・シラードというユダヤ系のハンガリー人で，アインシュタインの助手も勤めて共同研究もした人物でした．シラードはドイツでナチスが政権をとるといち早くドイツを離れてニューヨークに来ていました．また，シラードはニューヨークのコロンビア大学にいたフェルミとともに，連鎖反応の研究を始めていました．そのシラードは核分裂の連鎖反応の可能性を現実のものと考えて，それを使った爆弾の開発をドイツが先行することを恐れ，アインシュタインを説得してそのときの米国の大統領宛に核分裂とその連鎖反応の研究開発を急ぐ必要があるという手紙を書かせています．しかし，このアインシュタインのルーズベルトへの手紙は，政府機関を動かす大きな効果はなかったようです．

14.6 核兵器と「原子力」

核分裂の連鎖反応を使った核兵器の開発可能性は，米国だけでなく，ドイツやイギリスなどの参戦国ではいち早く検討されていました．ドイツでは，基礎研究で世界をリードしていたハイゼンベルクやハーンが開発計画に加わりましたが，戦争が終わるまでには大きな成果は出せなかったようです．イギリスでは，やはり亡命していたルドルフ・パイエルスと核分裂の発見者であるフリッシュの共同研究で，ウラン核から爆弾を作るのに必要な臨界質量の計算が行われ，数 kg という少量の濃縮ウランで爆弾ができるという恐るべき結果を出しました．この結果がまだ参戦していなかった米国にもたらされ，米国の多くの研究者に警告を喚起します．これが本格的な原爆製造計画（マンハッタン計画）に発展していきました．

米国ではシカゴ大学のアーサー・コンプトンの下でいろいろなプロジェ

クトが並行して進められましたが，その最初の成果は，フェルミ等の天
然ウランを使った連鎖反応の実現でした．フェルミ等はいろいろな工夫
をして原子炉（パイル）を作り，それを実現します．1942 年末のことで
した．

　フェルミの作った原子炉は，連鎖反応が起きたことを確認してすぐ停
止し，解体されましたが，原子炉は爆弾の材用となるプルトニウムの大
量生産のためにワシントン州ハンフォードに新たに作られました．濃縮
ウランは，テネシー州オークリッジに大きなプラントを作って，そこで
製造されています．そして，核爆弾の設計と製造はニューメキシコ州ロ
スアラモスに作られた研究所に核物理の研究者もたくさん集めて行われ
ました．この研究所の所長は新進気鋭の理論物理学者ロバート・オッペ
ンハイマーが務め，多くの科学者が協力しました．いろいろな技術的な
困難を克服し，核爆弾は 1945 年 7 月に完成しましたが，ドイツはすで
に降伏しており，出来上がった核爆弾は日本の広島と長崎に投下されま
した．広島には濃縮ウランを用いたガンバレル方式の爆弾が，長崎には
プルトニウム（Pu）を用いた爆縮型の爆弾が用いられました．これは多

（ユニフォトプレス）

図 14.5　フェルミ（左）と最初の原子炉

くの民間人の犠牲者を生みました. また, 多くの人が放射能の後遺症で長く患い, その犠牲になります.

プルトニウム爆弾は, 原子炉で天然ウランに含まれる U-238 に中性子を吸収させて 2 回のベータ崩壊を経て大量に作られる Pu-239 が核分裂を起こすことを使ったものですが, 濃縮ウラン爆弾と違って生成分離が比較的容易な反面, Pu-240 がどうしても混じってくるため, 効果的に爆発させるのが難しいといわれます. 爆縮はその困難を克服するための工夫でした. このプルトニウムは, 戦後に米ソ冷戦の中で起こる核兵器開発競争において, 主要な核分裂物質になっていきます. また, プルトニウムの核分裂を起爆剤にして重水素と三重水素の熱核融合反応を起こさせる「水爆」も開発され, 通常の「原爆」の 100 倍以上も威力のある核兵器も開発されました. プルトニウムを効果的に爆発させるのは難しく,「水爆」の威力を試すための核実験が多く行われました. それによってまき散らされる膨大な放射性物質は野放しになっていましたが, その後, 核実験は地下に潜り, 現在は「臨界前実験」と呼ばれる, 核爆発を伴わないで臨界の実現をチェックする方式がとられています. 核兵器開発は国家間の政治的緊張を反映して拡散し続け, 人類の脅威となってきました.

原子炉はプルトニウムの製造のために作られ, ウランの核分裂で発生する熱は最初は捨てられていました. 原子炉の動力への利用は, 米海軍の利用から始まったといわれています. それまでの潜水艦の動力には通常の船と同じ重油タービンが用いられていましたが, それは大量の二酸化炭素を発生するため長く潜航できないという問題がありました. 原子力潜水艦にはこの問題がなく, 北極の氷の下まで潜航して到達できました. 濃縮ウランを用いた原子炉は, その後, 他の軍艦や一般船舶の動力炉としても使われました.

　核エネルギーの開発と利用は，最初は軍事機密として進められましたが，のちに米国の政府機関として作られた原子力委員会にその役割が移され，1953年末のアイゼンハワー米国大統領の国連での「平和のための原子（Atoms for Peace）」演説によって民間への核技術の移譲が推進されてきました．そのころは，原子炉もいろいろなものが実験的に開発されていましたが，現在主流となっているのは，減速材として通常の水（軽水）を使ったもので，軽水炉と呼ばれます．

　軽水炉は米海軍の軍艦用に開発された原子炉が進化したもので，原子炉が大型化したため弱濃縮ウランで稼働していますが，濃縮技術は軍事目的に転用できるため，厳しく管理されています．日本において民間で使われている商業用の原子炉の燃料は，米国やフランスのような核兵器保有国から輸入されています．原子炉そのものも安全性の問題が危惧されており，米国スリーマイルアイランドの事故（1979）や，当時ソ連邦の一部であったウクライナのチェルノブイリで起きた爆発事故（1986），そして東日本大震災で発生した津波が原因といわれる東京電力福島第一原子力発電所の爆発事故（2011）は，まだ記憶に新しい実際に起きた重大な事故です．経済性の追求から原子炉の大型化が進められてきましたが，その分，いったん事故が起きるとその対応が難しいことを，これらの事故は示しました．

　過去の原子炉の事故の経験から，その再発の防止のためにも事故に至ったさまざまな原因の究明とその収束への道の探求は，まだこれからも続けられる必要があります．また，原子炉で蓄積されている使用済みの燃料には非常に強い放射性を示すものがあり，特に寿命の長いものの処理と安全な保管場所の確保が大きな社会問題となっています．

　しかし，もう一方で，寿命の短い放射性物質は，医療などでも使われており，そのための小型の原子炉も作られています．原子炉でしかでき

ない物質もあり，それは基礎研究や材料の工学的な研究にも役立っています．このような利用はこれからも続けていかれるでしょう．

14.7　核エネルギー開発の行方

　核エネルギーは自然界ではいたるところに現れ，現在，私たちが生活する環境を作ってきました．太陽から降り注ぐ陽光は，中心部分でゆっくり起こっている核融合反応がエネルギー源になっており，地上の万物の活動の源泉となってきました．大陸移動や造山活動などの地殻の変動，また，それが引き起こす火山や地震などは，地球内部のエネルギーによって引き起こされていますが，ウランやトリウムなどの放射性元素の崩壊熱がその源泉になっていると考えられています．さらに，地球に降り注ぐ宇宙線は，地上で生命が進化する原因ともなってきました．

　しかし，これからの人類の将来を展望したとき，核エネルギーの利用には難題が山積していることも事実です．最近クローズアップされてきたのは，このように私たちを育んできた環境が，われわれ自身の活動によって破壊されているという問題です．特に最近では，二酸化炭素の発生が地球環境を変え，長期的な温暖化をもたらしていることが指摘されています（第7章参照）．核エネルギーは二酸化炭素を発生しないことから，将来のエネルギー供給源としての役割を期待する人もいますが，いったん事故が起きると大量の放射性物質をまき散らすことから，その始末も含めると採算が合わないという悲観論や，安易な核エネルギー開発への慎重論が，これまで「原子力」を積極的に推進してきた人の中にも支配的になりつつあります．

　かつてフェルミは，核エネルギー開発の将来の問題として，自然に存在しない大量の放射性物質を人為的に作ることをあげ，その管理をすることが人類の大きな負担になることを警告したことがあります．まさに，

このフェルミの警告が現実問題となっているのです.

　また, これまでの核分裂を使った核エネルギー開発とは全く違った試みとして, 太陽内部で起きているような熱核融合反応を人為的に起こさせてエネルギーを取り出すということも, 研究されています. この場合の問題点は, 連鎖反応が容易に起きないことですが, この熱核反応を瞬間的に起こさせる核兵器はすでに開発されています. 核融合炉の実現には, 高温物質をどう閉じ込めるかという技術的問題を克服する必要がありますが, 臨界に少しずつ近づいてきているといわれています. この場合は, 核分裂のように放射性物質は直接作りませんが, 現在想定されている重水素と三重水素（トリチウム）の核融合反応では, 高エネルギーの中性子が発生することが知られており, それをどうシールドするかという問題は未解決となっています.

　このような流動的な状況で核エネルギーの将来を展望することは容易ではありませんが, 人類が苦心して得た原子核に関する科学的な知識が, 人類の明るい将来に向かって有効に使われることを願いたいと思います.

15 物理学のひろがり

岸根順一郎

《目標＆ポイント》 本書で学んできた物理学の基本法則をあらためてまとめてみましょう．そこから物理学の全体像がみえてくるはずです．スマートフォンは現代物理学の結晶といえますが，どのような物理法則が活用されているのでしょうか．物理学は今後どのように進むのでしょうか．さらに物理の勉強を続けるにはどうすればよいでしょうか．

《キーワード》 運動方程式，マックスウェル方程式，熱力学第1法則，熱力学第2法則，シュレーディンガー方程式，スマートフォン

15.1 基本法則からの展望

5つの基本法則

多様な自然現象から，本質的に同じ原因で生起するものを見抜いて因果関係を法則化する．そして今度は逆に，法則に基づいて新たな現象を予測し，実験で確かめることで法則の適用範囲を広げていく．これが物理学の目指す方向だといってよいでしょう．多様性を普遍性に落とし込み，今度は普遍性から多様性を導くのです．そして，ひとつの法則がカバーする現象の幅が広ければ広いほど，その法則が「基本的である」とみなされます．

本書では，これまでさまざまな物理現象を記述する基本法則と，そこから導かれる結果を紹介してきました．ここであらためて，物理学が「最も基本的である」と認定している5つの法則をまとめ，それらの相互の関係を展望してみます．その5つとは，

- 運動方程式（力学の基本法則）
- マックスウェル方程式（電磁気学の基本法則）
- 熱力学第 1 法則（エネルギー保存則）
- 熱力学第 2 法則（エントロピー増大則）
- シュレーディンガー方程式（量子力学の基本法則）

です[1]．それぞれについてみていきましょう．

運動方程式からの展望

　ニュートンがプリンキピアで述べた運動の基本法則を，微分方程式の形にまとめたものが運動方程式

$$m\frac{d^2x}{dt^2} = f \tag{15.1}$$

です（ここでは一直線（x 軸）上を運動する質量 m の質点を考えています）．f は質点に作用する力です．これが古典力学の基本方程式です．古典というのは量子力学に対する言葉です．

　この方程式の解，つまり時間の関数としての位置 $x(t)$ は，特定の時刻（普通は $t = 0$）での位置と速度を与えれば完全に決定できます．力 f が変化しない限り，未来にわたる運動が予言できるわけです．この意味で，運動方程式は決定論的です．小惑星探査機の何年にも及ぶ宇宙の旅を正確に設計し，地球に帰還させることができるのもこのためです．

　また 3.2 節で紹介したように，運動方程式を多粒子系に拡張することで，剛体，弾性体，流体の運動へと対象を広げていくことができます．しかし，運動方程式の適用範囲にはミクロな限界があります．原子・分子の世界を飛び回る極めて身軽な電子や原子核に対しては破綻します．ミクロな世界では，そもそも粒子の位置 x を確定させることができないからです．これが不確定性原理です．この不可知を受け入れ，電子や原子

---

1)　アインシュタインの重力方程式なども含めるべきかもしれませんが，本書の範囲で「基本的」といえるのは上記の 5 つです．

核の状態を確率的に記述する理論が量子力学です．位置と力を統計的な平均値（期待値）$\langle x \rangle$，$\langle f \rangle$ で置き換えることにより，古典力学的な運動方程式 (15.1) を再現することができます．ところで，物理学には2つの種類の統計平均があります．ひとつが上で述べた量子論的なブレ（**量子ゆらぎ**）についての統計です．もうひとつが熱的なゆらぎ（**熱ゆらぎ**）についての統計です．後者は熱力学の問題になります．

また，量子力学ではエネルギー準位がトビトビ（離散的）になるのでした．このトビトビの間隔が密になると，量子力学の結果は古典力学の結果に近づいていきます（ボーアの対応原理）．

ミクロな世界で運動方程式 (15.1) が破綻することで，「実はニュートンの古典力学は間違っていた」というのは全くの間違いです．量子力学は古典力学がカバーできないミクロな世界の論理であり，マクロな古典力学につながる（べき）ものなのです．しかし，量子力学と古典力学をうまく橋渡しすることは容易ではありません．ミクロな側からマクロな世界を眺めたとき，どのあたりから古典力学の世界に入るかという問題は非常に微妙です．特に，摩擦の問題は重大です．古典力学では，摩擦や抵抗を自然に考慮することができますが，量子力学ではそうはいきません．なぜなら，量子力学の基本法則（シュレーディンガー方程式）は，力学的エネルギーが保存するシステムに対するものだからです．量子力学の世界に摩擦の効果をどう入れるか，という問題は，現在も物理学の難題として活発に研究されています．

(15.1) が破綻する状況がもうひとつあります．物体の速度が光速に近づいた場合です．この場合はアインシュタインの特殊相対性理論（第13章）を適用せねばならず，運動方程式は

$$m \frac{d}{dt} \left(\frac{1}{\sqrt{1 - v^2/c^2}} \frac{dx}{dt} \right) = f \qquad (15.2)$$

と修正されます. c は真空中の光速です. 物体の速度 v が光速に比べて無視できるほど小さければ, $1/\sqrt{1 - v^2/c^2}$ を 1 で置き換えることができ, (15.1) に戻ります. 以上で述べた古典力学からの展開をまとめると図 15.1 のようになります. 相対論的力学と量子力学を融合させると相対論的量子力学ができます (1928 年, ディラックによる).

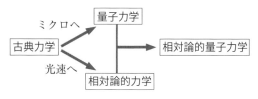

図 15.1　古典力学からの広がり

マックスウェル方程式からの展望

　力学は力と運動の関係を探求します. ニュートンは, 力とは何かという問いへの答えを保留しました. 答えが用意されるのは 19 世紀になってからです. 質量をもつ物質は周囲に万有引力の場を作り, 場の中に置かれたほかの物質に力を及ぼします. 力は遠隔作用するものではなく, 空間に充満する場が文字通りその場で及ぼす作用なのです. この見方はファラデーが電磁場について確立したものですが, より広く, 力も物質もすべて場の概念をもとに一望することができます.

　場を可視化するには, 空間に充満する電気や磁気の力線を描けばよいわけです. ファラデーが心の眼で見たこの風景を, 数学の言葉に翻訳したのがマックスウェルでした. より現代的に整理すると, ベクトルの場は**純粋発散型**と**純粋回転型**に分解できます. 純粋発散型のベクトル場は,

泉のような湧き出し，あるいは反対に，洗面所のシンクのような吸い込みのある場です．純粋回転型のベクトル場には湧き出しも吸い込みもなく，ただ回転する，渦状の分布があるだけです．あるベクトル場が発散型か回転型かを判定するには，ベクトル解析と呼ばれる数学の知識が必要になるため，ここでは立ち入りません．

重要なことは，電場も磁場もベクトル場なので，それぞれに発散型と回転型があるということです．すると全部で4通りの組み合わせができます．この4通りの場がどのような原因で生じるかを法則にしたものがマックスウェル方程式です．4通りの組み合わせを反映したマックスウェル方程式は4つあります[2)]．これらは

1. 発散型の電場は電荷が作る（ガウスの法則）

$$\nabla \cdot \boldsymbol{E} = \rho/\epsilon_0 \tag{15.3}$$

2. 発散型の磁場は存在しない（名無しの法則）

$$\nabla \cdot \boldsymbol{B} = 0 \tag{15.4}$$

3. 回転型の電場は磁場の時間変化が作る（ファラデーの法則）

$$\nabla \times \boldsymbol{E} = -\frac{\partial \boldsymbol{B}}{\partial t} \tag{15.5}$$

4. 回転型の磁場は電流および時間変化する電場が作る（アンペール・マックスウェルの法則）

$$\nabla \times \boldsymbol{B} = \mu_0 \left(\boldsymbol{j} + \epsilon_0 \frac{\partial \boldsymbol{E}}{\partial t} \right) \tag{15.6}$$

とまとめられます．ρは電荷密度，$\boldsymbol{j}$は電流密度，ϵ_0は真空の誘電率，μ_0は真空の透磁率です．式(15.3)〜(15.6)の内容を理解する必要はありません（本書ではその準備をしていません）．$\nabla \cdot$が発散，$\nabla \times$が回転を表すと思っておけば十分です．各法則の内容は，図15.2のようにまとめら

2) 4つの法則がまとまって，1つの電磁場の基本法則になっていると考えてください．

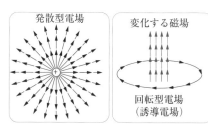
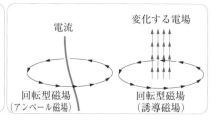

図 15.2　発散型電場, 回転型電場, 回転型磁場の成因

れます. 1 番目は, 静電場のクーロンの法則と本質的に同じです. 2 番目は, 電気と違って磁気には「N 極だけ, あるいは S 極だけ」をもつ単極子（モノポール）が存在しないこと（いまのところ）, 自然界に存在しないことを主張しています. 3 番目は, ファラデーの電磁誘導の法則を言い換えたものです. 4 番目は, 回転型の磁場には 2 つの成因（電流および時間変化する電場）があることを主張しています. 電流が磁場を作ることはエルステッドやアンペールが明らかにしましたが, 時間変化する電場も磁場の成因になりえることを理論的に提案したのはマックスウェルです. これによって, 電磁場についての 4 つの基本法則が完成しました.

　今日の先端技術の現場では, マックスウェル方程式に基づく電磁場の解析が行われています. 病院で体内の診断に使われる **MRI**（核磁気共鳴画像法）の装置（図 15.3）は, 電磁気学と量子力学の成果が先端技術と結びついたものです. MRI では, 数テスラ程度の磁場を人体に通し, 身体に多量に含まれる水素原子核（つまり陽子）がもつ微弱な磁気（スピン）をそろえます. 磁場は体内の位置に応じて調節できます. ここに特定の周波数の電磁波を当てるとスピンが共振を起こして向きが大きく変わります. 電磁波を切るとスピンはもとに戻りますが, そのとき, 電気信号を放出します. この信号を画像化することで身体の断層画像が得られます. 磁場が外に漏れださないようにシールドする必要もあります.

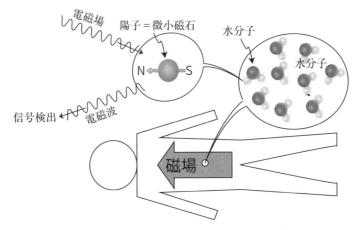

図 15.3　MRI は電磁気学と量子力学の結晶

　磁場のでき方，シールドのしかたはすべてマックスウェル方程式に基づいて設計されます．スピンの運動は量子力学の問題で，シュレーディンガー方程式（後述）によって記述されます．

　マックスウェル方程式最大の成果は，そこから光が電磁波であることが理解できる点です．この結果，それまで別々だった光学と電磁気学が統一されました．同時に，光は量子力学の対象でもあります．そこでは光が光子（フォトン）として扱われます．光のもつ波動性と粒子性は，それぞれ電磁波と光子として現れます．これらをどう結びつけ，光の全貌をいかに捉えるかという問題は，現在，量子光学と呼ばれる大きな研究分野の中心課題となっています．この分野は光通信や量子コンピューティングなど，高度情報処理社会にイノベーションを引き起こす可能性を多分に秘めています．

　電子にも目を向けましょう．電子は電場を作るので電磁気学の対象であると同時に，量子力学的なオブジェクトです．ここで，19 世紀に完成

したマックスウェル方程式と 20 世紀の量子力学は両立するのか？と疑問に思うかもしれません．その心配は無用です．マックスウェル方程式はミクロな世界でも破綻せず使えるのです．ミクロなスケールでの物質中の電磁場を理解し，これを制御することは，エレクトロニクスの基本です．そのような問題では，電磁気学と量子力学，さらには膨大な数の電子を扱う熱統計力学までもが総動員されることになります．このような複雑な課題に，基本法則の組み合わせだけで迫り切るのは困難です．スーパーコンピュータを用いたシミュレーション[3] は大いに役立ちます．また，超伝導や強誘電，強磁性といった人類に役立つ機能を示す物質を得るには，どんな元素をどう組み合わせたらよいかを人工知能の手法を用いて探索する研究（マテリアルズ・インフォマティクス）も活発に進められています．

熱力学第 1 法則からの展望

運動方程式 (15.1) が個別の粒子の運動を時間軸に沿って追跡する法則であるのに対し，膨大な数（目安としてアボガドロ数 6.02×10^{23}）の原子・分子からなる系（物質）の変化を記述する枠組みが熱力学です．熱力学第 1 法則

$$\Delta U = \Delta W + Q \tag{15.7}$$

は，系の内部エネルギー変化 ΔU が，力学的な仕事 ΔW と，熱 Q という異なる形態のエネルギー供給によることを示します．運動方程式 (15.1) から出発すれば，力（圧力）を加えてマクロな物体（例えばピストン）を移動する際の仕事がわかります．これが ΔW です．一方，Q は運動方程式からはどうしても導き切れません．なぜなら，マクロな物体の移動を伴わない，ミクロな自由度間のエネルギーの流れが熱だからです．この様子を図 15.4 に示します．熱は，物体のマクロな移動に伴う「力学的

---

3)　もちろんシミュレーションは，ここで述べている物理学の基本法則に基づいてなされます．

な仕事」とは明確に異なるタイプのエネルギーなのです.

　水を入れた鍋の底を温めると, 鍋底の金属原子は激しく振動します. 水分子は鍋底に接触し, 振動する原子からはじき飛ばされます. これによって運動エネルギーをもらいます. ところがこのプロセスはとても目で追いかけられるものではありません. 鍋底のいたるところで, ミクロな原子のスケールでランダムに起きます. ピストンを構成する原子が一体となってマクロに動く運動とはわけが違います. それでも, 高温の鍋底から低温の水にエネルギーが流れることは確かなのです. 熱エネルギーの発見は, エネルギーの概念を大きく発展させました.

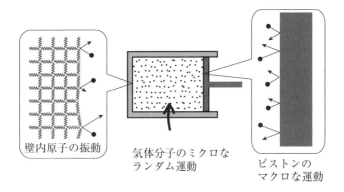

壁内原子の振動　　　気体分子のミクロな　　　ピストンの
　　　　　　　　　　ランダム運動　　　　　　マクロな運動

図 15.4　ピストン付きシリンダーに閉じ込めた気体分子が, マクロなピストンとの間で力学的な仕事をやり取りする. 一方, シリンダーの壁内の原子も振動しており, これが気体分子をランダムに跳ね飛ばす. このミクロでランダムな運動エネルギー交換が熱.

熱力学第 2 法則からの展望

　熱力学第 1 法則は熱のやり取りを含めたエネルギー保存則です．では，システム内部でエネルギーがどう流れるのか．その流れの向きを決めるのが熱力学第 2 法則です．この法則は，ほかの基本法則と違って，ひとつの数式でまとめ切ることができません [4]．第 2 法則の原型は，

- **トムソンの原理（1851 年）**[5]
  熱がそっくりそのまま仕事に変わることはありえない．

- **クラウジウスの原理（1854 年）**
  熱が低温物体から高温物体へ自然に流れることはない．

という 2 つの命題です．実は，これらは等価なので，どちらか一方を根本原理として採用すればよいわけですが，そのまま 2 つ並べて第 2 法則とするのが伝統です．

　高温物体と低温物体を接触させれば，熱は高温から低温へ向けて自然に流れます．これは常識的な感覚だといえるでしょう．「つまらない明白なる命題は無数にある．その中から，一つの明白なる命題を考慮の後に拾い出して，それに公理と銘打って提出したのである．」とは数学者，高木貞治の言葉です [6]．これは数学についての言葉ですが，公理を原理と読み替えれば，そのまま熱力学第 2 法則に当てはまります．常識的な感覚で捉えられる現象はたくさんありますが，その中から根本的なものを選び出すことで原理に昇格させるのです．

　トムソン，クラウジウスの考察は，カルノーが 1824 年に発表した内容に動機づけられていました．カルノーは，温度 T_H の高温熱源と，温度 T_L の低温熱源の間で作動する理想的な熱機関（カルノーサイクル）を考案します．カルノーサイクルは，<u>2 つの熱源</u>の間で作動する<u>可逆的なサイクル</u>です（下線を施した 3 つの条件が含まれることに注意）．カル

---

4)　無理にまとめるのはかえって危険です．
5)　ウィリアム・トムソンは 1892 年，男爵に叙せられてケルヴィン卿となりました．1851 年はまだトムソンです．
6)　『数学雑談　2 版』（共立出版，1970）p.127．

ノーサイクルの効率は

$$\eta_C = 1 - T_L/T_H \tag{15.8}$$

です．η_C を超える効率をもつ熱機関が存在すると仮定すると，トムソンの原理およびクラウジウスの原理に反します．このため，2 つの熱源の間で作動する 不可逆[7] なサイクルの効率 η は，必ず η_C より小さくなります．可逆 であれば $\eta = \eta_C$ です．サイクルの効率は，必ず $\eta = 1 - Q_L/Q_H$ と書けます．サイクルが高温熱源から受け取る熱が Q_H，低温熱源に捨てる熱が Q_L です．すると，不等式 $\eta \leqq \eta_C$ を

$$1 - \frac{Q_L}{Q_H} \leqq 1 - \frac{T_L}{T_H} \Rightarrow \frac{Q_H}{T_H} \leqq \frac{Q_L}{T_L} \tag{15.9}$$

と書き換えることができます．これは，一般にクラウジウスの不等式と呼ばれるものです．この式から，Q/T という量に特別な意味があることがわかります．高温側からシステムに流入する Q_H/T_H より，低温側に出ていく Q_L/T_L の方が大きいのです．たとえるなら，外国から輸入した車の台数より輸出する台数の方が多い，輸出超過が必ず起きるのです（その結果，地球上の車の台数は増える）．このとき，輸入した車に加えて国内で生産された車も全部輸出すると考えてください．「国内生産」に対応するのが生成エントロピーです．

　以上の話は，

● 不可逆過程によって生じる生成エントロピーは必ず増大する

とまとめることができます．外部との熱の交換が一切遮断されたシステム（孤立系）では，内部で不可逆過程が起きれば確実にエントロピーが増えます．これがエントロピー増大の法則です．これはトムソン，クラウジウス両原理からの自然な帰結です．

　宇宙全体を孤立系と考えれば，熱力学第 1 法則と第 2 法則を

---

7)　物体の接触により高温から低温に熱が流れるような，マクロな自発的プロセスを不可逆過程といいます．

1. 宇宙の全エネルギーは一定である（第 1 法則）.

2. 宇宙の全エントロピーは増大する（第 2 法則）.

とまとめることができます. これはクラウジウスが 1865 年に宣言したものです.

エネルギーとエントロピーの関係は, 経済活動にたとえることができます. 日本国内のお金の総額が一定であるとしましょう. この総額に対応するものがエネルギーです. そして, このお金の流れが経済活動です. エントロピーは, この流れの向きを支配する役割を担います. この発想は, 自発的に起きる幅広い自然現象に当てはめることができます. 氷が自発的にとける, 化学反応が自発的に進行する, といった現象の「向き」を決めるのはエントロピーです. また, 私たち生物は体内で生成したエントロピーを外界に吐き出し, 日々, 宇宙のエントロピー増大に貢献しています. エントロピーの概念は, 環境問題とも密接に関連します.

現代物理学が描き出す宇宙観は, 宇宙は非常に低いエントロピーの状態で生まれ, 高いエントロピーへ向かって移行していく運命であるというものです. この方向性を与えるのが熱力学第 2 法則です. しかしながら, 素粒子の基本的相互作用やシュレーディンガー方程式自体は, 時間を逆転しても成立します. これを, **時間反転対称性**といいます. 物理学の基本法則がひとたび与えられれば, 自然界は原理的にそれに従って推移するはずです. ですからもしエントロピー増大則がなければ, 宇宙は原理的に（低い確率で）ビックバンに逆戻りしてもよいことになります. しかし, 微分方程式を解くには原初の状態（初期条件）を指定する必要があります. 初期条件として何をどこまで取り込むか, その準備は人間が頭の中でするわけです. 実際に起きている現実の自然界がどのような初期条件から発展してきたのか. その全貌をつかむことは, 物理学の根源的な目標です.

シュレーディンガー方程式からの展望

第 11 章で，電子は波として伝わり粒として現象する，と述べました．その電子の「波」を表す関数が波動関数 ψ です．波動関数は位置と時間の関数です．そして，波動関数が従う基本方程式がシュレーディンガー方程式

$$i\hbar\frac{\partial\psi}{\partial t} = -\frac{\hbar^2}{2m}\frac{\partial^2\psi}{\partial x^2} + V\psi \tag{15.10}$$

です．ここでは，質量 m の粒子がポテンシャルエネルギー V の下で 1 次元運動しているとしています．この方程式は，古典的な運動方程式 (3.6) に代わって電子の量子力学的な状態を記述する基本方程式です．この微分方程式を解いて得られる波動関数がどのような意味をもつのか，古典的な運動とどう対応するのか，こういった問題が量子力学の課題です．金属や半導体の性質が，電子の波動性でうまく説明できることは第 11 章で紹介しました．シュレーディンガー方程式を解くことで，この話を数学的にきちんと進めることができます．

たくさんの電子からなる多電子系の問題も，古典力学と同様に，多粒子のシュレーディンガー方程式を立ててこれを解く問題に還元できます．しかし，ポテンシャルの形が複雑になると，電子 1 個の場合ですらシュレーディンガー方程式を解くのは大変になります．ましてや多電子系の場合，さらに電子どうしのクーロン力も考慮に入れねばならず，大変な難問になります．量子力学が完成した 1925 年ころから 20 世紀を通して，この問題へのさまざまなアプローチが試みられ，理論的な手法が大きく発展しました．これによって金属・絶縁体・半導体の違いが電子の波動性に由来することがはっきりしました．次節で述べるスマートフォン内部の世界では，シュレーディンガー方程式に従う電子の波動関数が引き起こす効果がいたるところで活用されています．

　半導体の内部で起きる現象は，日常生活で出会う温度やエネルギース
ケールの現象です．一方，高エネルギーの素粒子現象を記述するために
は，シュレーディンガー方程式を特殊相対性理論と結びつける必要があ
ります（図 15.1）．この結合は 1928 年にディラックによって成し遂げら
れ，ディラック方程式と呼ばれる基本方程式ができました．ディラック
方程式は，これまで何もない空虚な空間だと思われてきた真空から，粒
子とその反粒子のペアが生成されるという驚くべき結果を導き出します．
この見方が**場の量子論**という大きな枠組みにつながっていきます．場は
空間に遍在し，生成と消滅を繰り返します．場の量子論は極めて高度な
理論ですが，生成消滅する素粒子世界を記述するうえで，なくてはなら
ないものです．

15.2　物理の宝庫スマートフォン

　スマートフォン（スマホ）やタブレット端末は，本書で学んできた物理が
先端技術にどう生かされているかを知るうえで格好の教材です（図 15.5）．
スマホの電源をオンすると何が起きるか．物理の視点で捉えてみます．

液晶ディスプレイ

　まず，液晶画面が立ち上がります．液晶ディスプレイは，バックライ
ト光源から出た光が液晶分子を通過すると，色（波長）に応じて透過性
が変わる性質を使っています．ディスプレイには画素電極が何百万個も
敷き詰められており，その電位を制御することで液晶分子の配列を制御
することができます．光は電磁波ですから，電場と磁場が液晶分子に触
れると液晶分子に電気的な変調を与えます．この変調が電磁波に作用し，
電磁波に伴う電場と磁場を回転させます．回転の度合いは偏光板と呼ば
れる素子で検出できます．液晶分子の配向と光の波長に応じて光を通過

GPS衛星

液晶

IC

$\vec{B}$
ホール素子

加速度センサー

光ケーブル

図 15.5　スマートフォンは物理の宝庫

させたり止めたり，いわば光の交通整理ができるのです．これらのプロセスの全貌を理解するには，液晶分子中の電子（電荷）と電磁波の結合を調べる必要があります．これは，物質の電磁気学と呼ばれる問題で，古典力学（必要に応じて量子力学）と電磁気学を組み合わせることでアプローチできます．

集積回路

そしてバッテリーは，微弱な電流をスマホ内部に張り巡らされた回路に送り込みます．回路の心臓部は，シリコン半導体の基板上にトランジスタ，ダイオード，電気抵抗，コンデンサーなど，数千個を数ミリ角の微細領域に詰め込んだ集積回路です．集積回路は，微弱な電子の流れを交通整理する司令塔です．第11章で紹介したように，半導体中の電子

は波として伝わります．量子力学に基づく半導体デバイスの理解と，電気回路の理論を組み合わせる必要があります．これがエレクトロニクスです．

タッチパネル

　ロック解除ボタンに指が触れると指紋センサーが作動します．人体は水分を多く含み，電気を通します[8]．指でタッチパネルに触れると，本体内部に仕込まれた電極が指紋の分布に応じた電荷を感じとって指紋を判定します．さらに指で画面をなぞると，本体の内部に格子（マトリックス）状に張り巡らされた電極に指先の電荷が接近し，電気的な変化を通して指の位置が検出されます．こうして指先のスワイプが内部に伝わります．もう少し正確にいうと，電極格子はコンデンサーとして働きます．ここに指先が近づくと，コンデンサーの静電容量がわずかに変化します．そしてこの静電容量が変化した点を，縦横の座標として検知するのです．

GPS による位置測定

　今度は宇宙に目を向けましょう．地表上空 20200 km の軌道を周期 12 時間で周回する GPS 衛星から発信された電波が，光速で地上に届いています．軌道半径と周期の関係は，もちろんケプラーの法則に従います[9]．スマホを立ち上げると内蔵アンテナが，この波長 10 cm 程度の電波をキャッチします．電波のキャッチは，電磁波に伴う変動電磁場が引き起こす電流によって検知できます．

---

8)　人体の水分は夏でも冬でもあまり変わりませんが，空気中の水分は乾燥した冬には少なくなります．このため，冬には人体の電気が空気中の水を通してなかなか放電されず，人体が静電気をため込むことになります．

9)　第 5 章で紹介した国際宇宙ステーションの問題と同様です．求める時間を T としましょう．GPS 衛星の軌道半径は，地球の半径 6400 km に 20200 km を足した 26600 km です．月のデータとケプラーの第 3 法則より $T = 27 \times \sqrt{\frac{26600^3}{384400^3}} = 0.49$ です．単位は「日」ですから，これはほぼ 12 時間です．

　複数の衛星からスマホに届く電波について，発信時刻と受信時刻の差からスマートフォンの位置が確定します．ただし，時間差が正確でないと位置が確定できません．GPS衛星はセシウムまたはルビジウムの原子時計を搭載していて，時間を計測しています．セシウム原子は，周波数が9192631770 Hzの（1秒間に92億回振動する！）マイクロ波と共鳴して，これを吸収します．逆に，もしこのマイクロ波が吸収されれば，周波数がぴったり合ったということです．この精密で唯一の周波数は，原子核と電子のもつスピン（磁石としての性質）に向きが平行である場合と逆向きである場合のエネルギー差で決まります．量子力学の原理が見事に働いているのです．

　ところがです，衛星はスマホに対して速さ $v = 3800$ m/s で運動しているのです．地上から見て動いている時計は，特殊相対性理論の効果で遅れます．光速と比べると $v/c = 1.27 \times 10^{-5}$ なので，この遅れは無視できるかに思えます．いちおう確認してみましょう．遅れの割合は (15.2) に現れる因子 $\sqrt{1 - v^2/c^2}$ で決まり，

$$1 - \sqrt{1 - \frac{v^2}{c^2}} = 8.0 \times 10^{-11}$$

となります．非常に小さな値ですが，1日86400秒にこの値をかけると 6.9×10^{-6} s，つまり「7マイクロ秒の遅れ」になります．

　相対論の効果はこれだけでは済みません．衛星は，地表より重力の弱い上空を航行しています．アインシュタインの一般相対性理論によれば，光は重力の影響を受けます．この結果，特殊相対性理論の効果とは逆に時間が進んでしまいます．地表と衛星位置での万有引力の位置エネルギーの差を ΔU と書くと，この進みの割合は

$$\frac{\Delta U}{c^2} = g \frac{R^2}{c^2} \left(\frac{1}{R} - \frac{1}{R+h} \right) = 5.3 \times 10^{-10} \text{ s}$$

となります．$g = GM/R^2 = 9.8 \text{ m/s}^2$ は地表の重力加速度，M は地球の質量，R は地球の半径，h は衛星の高度です．これに 1 日をかけると 4.6×10^{-5} s，つまり「46 マイクロ秒の進み」になります．特殊相対性理論による遅れと一般相対性理論による進みを差し引きすると，1 日当たり $46 - 6.9 = 39$ マイクロ秒の進みです．非常に短いずれにみえますが，これに光速をかけたものが距離のずれになります．結果，11 km 超ものずれになります．この差をきちんと補正しないと位置の測定精度がどんどん落ちるわけです．GPS はこの補正をきちんと行っています．

アンテナと光通信

　電話をかけると，通話信号に対応する振動電流が内蔵アンテナに流れます．振動する電流は，時間変化する電場と磁場を生み出します．アンテナのごく近傍には静電場，静磁場的な場（近接場）が発生しますが，少し離れると場がアンテナからちぎれ，電磁波として空間を伝わっていきます．これが基地局のアンテナでキャッチされ，電気信号は光ファイバーなどのケーブルを通して通話相手の近くの基地局まで伝わり，そこから相手のスマホに伝送されます．光通信に使われる光ファイバーは光学の宝庫です．ファイバーは，中心部と外縁で屈折率に差をつけた 2 つのプラスチックやガラスで出来ています．ファイバーに入った光は屈折率の境界で全反射を繰り返し，遠方まで伝わります．光の強度は 1 km 当たり数パーセント程度しか減衰しません．

カメラ撮像素子（CMOS センサー）

　スマホのカメラはいわゆるデジタルカメラです．光を受信する心臓部がフォトダイオードです．これも半導体の電子状態を活用したデバイスです．フォトダイオードに光が当たると内部で電子が励起され，光が電流

の情報に転写されます．この電気信号をアンプで増幅し，画像情報を構成します．スマホでの撮影は，光と電子の相互作用のたまものなのです．

加速度・傾きセンサー

スマホやタブレットを回転すると，つられて画面も回転する機能があります．どうやって「回ったこと」を感知しているのでしょうか．さらに，加速度を検知することもできます．加速度や傾きを検知するセンサーの原理は，物体をばねにつないで，スマホに閉じ込めたものです．加速運動すれば物体は慣性力を受け，傾ければ重力の成分が変化してばねが変位します．この変位を測定すればよいわけです．

地磁気センサー

スマホが東西南北どこを向いているかを検知するためには，地磁気を検出する必要があります．これには，半導体で作った膜に垂直な磁場をかけることで発生する電圧（ホール電圧）が使われます．ホール電圧は，半導体内部での電荷が磁場から受ける力（ローレンツ力）を考慮することで理解できます．

スマートフォンにまつわる物理の話はまだまだつきません．以上の話だけでも，力学，電磁気学，量子力学，相対性理論が総動員されました．半導体中の電子集団の振る舞いまで考慮すると，熱力学や統計力学も関係してきます．スマートフォンは物理の宝庫なのです．

15.3　What's next？

ここまで本書を読み進めてきた皆さんは，この後どうすればよいでしょうか．本書に登場した力と運動，エネルギー，エントロピー，電磁場，量子，相対性，・・・といったキーワードを理解していれば，物理関係の新

聞記事などを自分流に読みこなすことができるでしょう．それで十分だという方もおられるでしょう．一方，本格的な物理の学習にもう一歩踏み込みたいという方もおられるでしょう．そのような方は，本書の程度より少し高度な数学を使った第2ラウンドの物理学習に入ることになります．少し高度な数学とは，常微分方程式，偏微分と全微分，初歩の線形代数です．

物理学の系統樹

　図 15.6 に現代物理諸分野のつながり（系統樹）を示します．なにより古典力学が土台になります．本書では扱えなかった「保存力とポテンシャル」，「減衰振動と強制振動」，「多粒子系の力学」，「剛体力学」などを重点的に学ぶとよいでしょう．次の段階として，「解析力学」という，数学的に美しく整備された古典力学の再構成が待っています．解析力学は，古典力学と量子力学を橋渡しする役割を果たします．

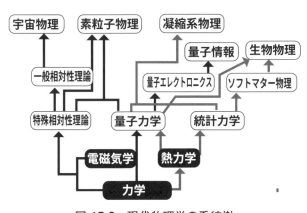

図 **15.6**　現代物理学の系統樹

　力学の学習と並行して，あるいはそのあとで電磁気学を学ぶことになります．電磁気学の基本はマックスウェル方程式なので，その内容を数学的に理解して使いこなすことが目標になります．そのために必須の数学がベクトル解析です．

　熱力学を本格的に学ぶには，偏微分と全微分が必要になります．ただし，エネルギーとエントロピーの関係が正しく理解できていれば，数学的な技法にこだわる必要はありません．熱力学を使いこなすには，エントロピー効果を考慮して，内部エネルギーを拡張した自由エネルギーの概念を理解することが何より重要です．自由エネルギーを使うと，自然界の変化の方向性を予言できるようになります．

　熱力学をミクロな原子の振る舞いに戻って統計的に基礎づける枠組みが統計力学です．統計力学は量子力学と強く結びついています．ですから量子力学をある程度勉強してから入るのがよいでしょう．

　量子力学は現代物理学の基盤です．しかしながら，量子力学は人間の知覚の及ばないミクロな世界の論理です．頼りになるのは数学的な骨組みだけです．このため，使う数学もやや高度になります．シュレーディンガー方程式は偏微分方程式なので，これに慣れる必要があります．また，線形代数も大いに役立ちます．初歩的な量子力学を学ぶと，水素原子の構造や半導体の電子状態を解き明かすことができるようになります．見たり触れたりできない世界の現象が，なぜこうもうまく記述できるのか．量子力学の学習を進めるにつれ，その興奮が募っていくはずです．

　以上が現代物理の基礎的分野です．ここから先は，物理学の中でも特にどのような研究分野に関心があるかによって進む道が変わってきます．流体やソフトマター [10] に関心のある方は古典力学と熱力学・統計力学がその基礎になります．例えば，素粒子物理学に進みたい方には，量子力学と特殊相対性理論を統合する相対論的量子力学，そして現代物理学

---

10)　5.3 節参照.

の基本言語ともいえる**場の量子論**が必要になります．物質の性質の解明（**物性物理学**）に向かいたい方にとっては，量子力学と統計力学が基礎となります．マクロな物質は膨大な数の原子核や電子が凝縮したものですから，統計力学が必要になるのです．マクロな凝縮系の物理学は，広く**凝縮系物理学**と呼ばれます．場の量子論は，凝縮系物理学の基本原語でもあります．物質を対象とする物性物理学を量子力学の基本原理と結びつけることで，**量子エレクトロニクス**や**量子フォトニクス**といった分野が生まれました．その延長線上に，量子コンピュータに象徴される**量子情報科学**があります．

2019 年 10 月，Google の研究チームは 54 量子ビットの量子プロセッサを使い，従来の古典コンピュータでは到達できない能力（**量子超越性**，quantum supremacy）を実証したと発表しました．スーパーコンピュータで 1 万年を要する計算が 200 秒で解けるとされ，量子コンピュータの開発競争に大きなインパクトを与えました．20 世紀を代表する理論物理学者だった物理学者リチャード・ファインマンは，1982 年にこう述べました．『自然は古典物理学では書けない．なんてこった！だから自然をシミュレーションしたければ量子力学の原理そのものを使ったコンピュータでやるしかない．これは素敵な問題だ．そう簡単とは思えないから』[11]．ファインマンの構想が私たちの日常に入り込む日も近いのかもしれません．

メッセージ

物理学を学び始めて間もない皆さんは，プロの物理研究者は初めから苦もなく物理が理解できた人たちだ，などと思うかもしれません．それは全く違うと断言します．そもそも物理の発展は，自然現象の因果関係

---

[11]　"Nature isn't classical, dammit, and if you want to make a simulation of nature, you'd better make it quantum mechanical, and by golly it's a wonderful problem, because it doesn't look so easy." International Journal of Theoretical Physics, volume 21 (1982) p.467–488 より．

についての誤解と勘違いを晴らす作業の蓄積です．これは古代ギリシャの時代からずっと変わらないのです．しかし容易に理解できない苦しみを，自然が物理の言葉で「読める」喜びが帳消しにしてくれます．「読める」とは，自分の手で実験したり計算したりして，物理法則が確かに正しく働いていることを実感することです．本書が，皆さんにとって物理学への次なる一歩を踏み出すきっかけになれば幸いです．

索引

●配列は五十音順，＊は人名を示す。

著者紹介

岸根　順一郎（きしね・じゅんいちろう）
　　　　　　　　　　　　　　　　　　　　　　・執筆章→ 1〜5・9・11・15

1967 年　京都府に生まれ，東京都立川市で育つ
1991 年　東京理科大学理学部物理学科卒業
1996 年　東京大学大学院理学系研究科物理学専攻博士課程修了
　　　　　岡崎国立共同研究機構・分子科学研究所助手（1996-
　　　　　2003），マサチューセッツ工科大学客員研究員（2000-
　　　　　2001），九州工業大学工学研究院助教授・准教授（2003-
　　　　　2012）を経て
現在　　　放送大学教授・理学博士
専攻　　　理論物理学（物性理論）
主な著書　力と運動の物理（共著　放送大学教育振興会）
　　　　　場と時間空間の物理（共著　放送大学教育振興会）
　　　　　量子と統計の物理（共著　放送大学教育振興会）
　　　　　自然科学はじめの一歩（共著　放送大学教育振興会）
　　　　　初歩からの物理（共著　放送大学教育振興会）
　　　　　物理の世界（共著　放送大学教育振興会）
　　　　　改訂新版　力と運動の物理（共著　放送大学教育振興会）
　　　　　現代物理の展望（共著　放送大学教育振興会）
　　　　　新訂　場と時間空間の物理（共著　放送大学教育振興会）
　　　　　量子物理学（共著　放送大学教育振興会）

松井　哲男 (まつい・てつお)

・執筆章→ 6～8・10・12～14

1953 年	岐阜県に生まれる
1975 年	京都大学理学部数物系卒業
1980 年	名古屋大学大学院理学研究科博士課程修了
	スタンフォード大学物理学教室研究員（1980–1982），カリフォルニア大学ローレンス・バークレイ研究所研究員（1982–1984），マサチューセッツ工科大学核理学研究所常任研究員（1984–1986），同上級研究員（1986–1991），インディアナ大学物理学教室准教授（1991–1993），京都大学基礎物理学研究所教授（1993–1999），東京大学大学院総合文化研究科教授（1999–2015）などを経て
現在	放送大学特任教授，東京大学名誉教授・理学博士
専攻	理論物理学（原子核理論）
主な著書	アインシュタインレクチャーズ@駒場（共編著　東京大学出版会）
	物理の世界（共著　放送大学教育振興会）
	改訂新版　力と運動の物理（共著　放送大学教育振興会）
	現代物理の展望（共著　放送大学教育振興会）
	新訂　場と時間空間の物理（共著　放送大学教育振興会）
	量子物理学（共著　放送大学教育振興会）

放送大学教材　1760157-1-2211（テレビ）

新訂　初歩からの物理

発　行　　2022 年 3 月 20 日　第 1 刷

著　者　　岸根順一郎・松井哲男

発行所　　一般財団法人　放送大学教育振興会

〒105-0001　東京都港区虎ノ門 1-14-1　郵政福祉琴平ビル

電話　03（3502）2750

Printed in Japan　ISBN978-4-595-32355-3　C1342